高等学校计算机教育信息素养系列教材

主　编：王佳尧

副主编：熊溪 董秀云 崔云飞 马良玉

U0390363

大学计算机基础
实践教程

Windows 10+WPS Office 2019

微课版

人民邮电出版社

北 京

图书在版编目（ＣＩＰ）数据

大学计算机基础实践教程：Windows 10+WPS Office 2019：微课版 / 王佳尧主编. -- 北京：人民邮电出版社，2021.8（2022.1重印）
高等学校计算机教育信息素养系列教材
ISBN 978-7-115-56920-2

Ⅰ．①大… Ⅱ．①王… Ⅲ．①Windows操作系统－高等学校－教材②办公自动化－应用软件－高等学校－教材 Ⅳ．①TP316.7②TP317.1

中国版本图书馆CIP数据核字(2021)第132797号

内 容 提 要

本书是《大学计算机基础（Windows 10+WPS Office 2019）（微课版）》的配套实践教程。全书共分为两部分：第 1 部分是实验指导，包括计算机信息技术与系统基础、计算机操作系统基础、WPS 文字办公软件、WPS 表格办公软件、WPS 演示办公软件、计算机网络基础、网页设计与制作、数据库技术基础、Python 程序设计基础等内容；第 2 部分是习题集，各习题均按照全国计算机等级考试一级WPS Office 考试大纲和《大学计算机基础（Windows 10+WPS Office 2019）（微课版）》的内容设置题目，并附有参考答案，方便学生进行自测练习。

本书适合作为高等院校的计算机基础课程的实践教程，也可作为计算机培训班的教学用书，还可以作为学生参加全国计算机等级考试一级 WPS Office 考试的参考书。

◆ 主　　编　王佳尧
　　副主编　熊　溪　董秀云　崔云飞　马良玉
　　责任编辑　刘海溧
　　责任印制　王　郁　马振武
◆ 人民邮电出版社出版发行　　北京市丰台区成寿寺路 11 号
　　邮编　100164　　电子邮件　315@ptpress.com.cn
　　网址　https://www.ptpress.com.cn
　　三河市君旺印务有限公司印刷
◆ 开本：787×1092　1/16
　　印张：10.75　　　　　　　　　2021 年 8 月第 1 版
　　字数：255 千字　　　　　　　 2022 年 1 月河北第 2 次印刷

定价：38.00 元

读者服务热线：(010)81055256　印装质量热线：(010)81055316
反盗版热线：(010)81055315
广告经营许可证：京东市监广登字 20170147 号

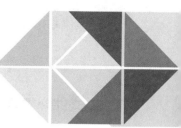

前 言
PREFACE

随着经济和科技的发展，计算机已成为人们工作和生活中不可缺少的工具。当今计算机技术在信息社会中的应用是全方位的，其已广泛应用于科研、经济和文化等领域，其影响不仅表现在科学和技术层面，还渗透到社会文化层面。能够运用计算机进行信息处理已成为每位大学生必备的基本素养。

"大学计算机基础"是普通高等院校的一门公共基础必修课程，对学生今后的工作和就业都有较大的帮助。为了适应全国计算机等级考试一级WPS Office考试的操作要求，并弥补学生实际操作能力的不足，我们在编写《大学计算机基础（Windows 10+WPS Office 2019）（微课版）》之后，又组织经验丰富的老师编写了这本配套的实践教程，为学生提供实验指导和习题集。

本书特点

本书基于"学用结合"的原则编写，主要有以下4个特色。

1. 配合主教材使用，全面提升学习效果

本书分为两部分：第1部分为实验指导，该部分根据主教材的内容，给出各章的实验指导（主教材中"第1章　计算机的发展与新技术"属于理论知识，故在本书中不设实验指导），便于学生在实验时使用；第2部分为习题集，也是按照主教材的内容，给出各章的练习题。学生学习这两部分的内容后，不仅可以提升实践能力，还可以提升综合应用能力。

2. 科学有效的实验指导，让学生事半功倍

本书的实验指导采用"实验学时+实验目的+相关知识+实验实施+实验练习"的结构进行讲解。"实验学时"和"实验目的"板块供老师和学生课前参考；"相关知识"板块总结归纳了实验中涉及的知识；"实验实施"板块给出了实验的关键步骤和操作提示，可以引导学生自行上机操作；"实验练习"板块提供了精选的习题，可帮助学生巩固和强化知识。

3. 习题类型丰富，巩固基础理论知识

本书在习题集部分安排了单选题、多选题、判断题和操作题，题型丰富。习题集主要用于考查学生对主教材基础理论知识的掌握程度，也有助于学生在巩固所学基础知识的同时查漏补缺。附录提供了参考答案，便于学生自测和对照。

4. 提供微课视频，强化实践能力

在实验指导部分的"实验实施"和"实验练习"板块，编者根据教学实际情况和随堂测试需求，精心挑选了部分内容录制微课视频，学生可扫描书中的二维码来观看视频内容，借鉴思路，以提升自己的操作能力。

配套资源

本书的配套资源包括微课视频（书中以二维码形式呈现）、素材与效果文件，本书对应的主教材的配套资源包括PPT课件、教学大纲、教案、素材与效果文件、题库软件、办公模板等，读者可以登录人邮教育社区（www.ryjiaoyu.com），搜索相应书名，在相应页面中下载配套资源。

编者

2021年3月

目 录
CONTENTS

第 1 部分　实验指导

目录

第 2 部分　习题集

第1部分
实验指导

第1章
计算机信息技术与系统基础

配套教材的第2章首先介绍了计算机的基本概念，然后介绍了计算机的数据与编码，最后介绍了计算机的硬件系统和软件系统。本章将介绍不同数制之间的转换、连接计算机的硬件、安装Windows 10操作系统、安装WPS Office 2019软件、使用鼠标和键盘练习打字5个实验任务，以加深学生对计算机信息技术与系统的了解，帮助学生养成正确使用键盘的习惯。

实验一　不同数制之间的转换

（一）实验学时

1学时。

（二）实验目的

◇ 掌握非十进制数转换为十进制数、十进制数转换为其他进制数的方法。
◇ 掌握二进制数转换为八进制数、十六进制数的方法。
◇ 掌握八进制数、十六进制数转换为二进制数的方法。

（三）相关知识

数制是用一组固定的符号和统一的规则来表示数值的方法。其中，按照进位方式计数的数制称为进位计数制。常用的进位计数制包括二进制、八进制、十进制和十六进制4种。处在不同位置的数码代表的数值各不相同，分别具有不同的位权值，数制中数码的个数称为数制的基数。如十进制数828.41，将其按位权展开可写成$828.41=8 \times 10^2+2 \times 10^1+8 \times 10^0+4 \times 10^{-1}+1 \times 10^{-2}$，其中$10^i$（$i=-2,-1,0,1,2$）称为十进制数828.41的位权值。十进制的基数为10，使用不同的基数，可得到不同的进位计数制。

（四）实验实施

1. 非十进制数转换为十进制数

将某个二进制数、八进制数或十六进制数转换为十进制数时，只需用该数的各位数乘以各自的位权值，然后将乘积相加，即可得到对应的结果。

例如，将二进制数1010转换为十进制数，先将1010按位权展开，再将其乘积相加，转换过程如下。

$(1010)_2 = (1 \times 2^3 + 0 \times 2^2 + 1 \times 2^1 + 0 \times 2^0)_{10} = (8+0+2+0)_{10} = (10)_{10}$

又如，将八进制数332转换为十进制数。先将332按位权展开，再将其乘积相加，转换过程如下。

$(332)_8 = (3 \times 8^2 + 3 \times 8^1 + 2 \times 8^0)_{10} = (192+24+2)_{10} = (218)_{10}$

同理可得十六进制数转换为十进制数的具体转换方法，请大家自行练习。

2. 十进制数转换为其他进制数

将十进制数转换为二进制数、八进制数和十六进制数时，可将数字分成整数部分和小数部分分别转换，再将结果组合起来。例如，将十进制数225.625转换为二进制，可以先用除2取余法进行整数部分的转换，再用乘2取整法进行小数部分的转换，转换结果为$(225.625)_{10} =$ $(11100001.101)_2$，具体转换过程如图1-1所示。

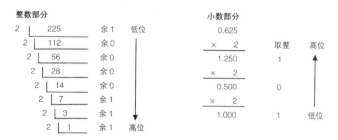

图1-1 十进制数转换为二进制数的过程

又如，将十进制数150转换为二进制数，十进制数除以2，余数为位权上的数，得到的商继续除以2，按此方法继续向下运算直到商为0，转换结果如下。

$(150)_{10} = (10010110)_2$

3. 二进制数转换为八进制数、十六进制数

（1）将二进制数转换为八进制数采用的转换原则是"3位分一组"，即以小数点为界，整数部分从右向左每3位为一组，若最后一组不足3位，则在最高位前面添0补足3位，然后将每组中的二进制数按权相加得到对应的八进制数；小数部分从左向右每3位分为一组，最后一组不足3位时，尾部用0补足3位，然后按照顺序写出每组二进制数对应的八进制数即可。

例如，将二进制数10010110转换为八进制数，转换过程如下。

二进制数　　010　010　110

八进制数　　 2 　　2 　　6

得到的结果为$(10010110)_2 = (226)_8$。

（2）将二进制数转换为十六进制数采用的转换原则与将二进制数转换为八进制数类似，为"4位分一组"，即以小数点为界，整数部分从右向左、小数部分从左向右每4位一组，不足4位用0补齐。

例如，将二进制数100101100转换为十六进制数，转换过程如下。

二进制数　　 0001　0010　1100

十六进制数　　1　　2　　C

得到的结果为（100101100）$_2$=（12C）$_{16}$。

4. 八进制数、十六进制数转换为二进制数

（1）将八进制数转换为二进制数的转换原则是"一分为三"，即从八进制数的低位开始，将每一位上的八进制数写成对应的3位二进制数。如有小数部分，则从小数点开始，分别向左右两边按上述方法进行转换即可。

例如，将八进制数226转换为二进制数，转换过程如下。

八进制数　　 2　　2　　6

二进制数　　 010　010　110

得到的结果为（226）$_8$=（10010110）$_2$。

（2）将十六进制数转换为二进制数的转换原则是"一分为四"，即把每一位上的十六进制数写成对应的4位二进制数。

例如，将十六进制数12A转换为二进制数，转换过程如下。

十六进制数　　1　　2　　A

二进制数　　 0001　0010　1010

得到的结果为（12A）$_{16}$=（100101010）$_2$。

（五）实验练习

1. 将下列非十进制数转换为十进制数

（101100100100110010101）$_2$=1460629

（349）$_{16}$=841

（172）$_8$=122

（100000011101010110101）$_2$=1063605

（256）$_8$=174

（11110001010110）$_2$=15446

（199）$_{16}$=409

（333）$_8$=219

（594）$_{16}$=1428

2. 将下列十进制数转换为二进制数

（330）$_{10}$=101001010

（1000）$_{10}$=1111101000

（1319）$_{10}$=10100100111

（152）$_{10}$=10011000

3. 将下列八进制数、十六进制数转换为二进制数

（236.3）$_8$=10011110.011

（1156.54）₈=1001101110.1011

（3256）₈=11010101110

（3C9B）₁₆=11110010011011

（2A6D）₁₆=10101001101101

（9C2E3F）₁₆=100111000010111000111111

实验二 连接计算机的硬件

（一）实验学时

2学时。

（二）实验目的

◇ 了解计算机的基本结构。

◇ 了解计算机各硬件的基本功能。

◇ 掌握计算机硬件的连接操作。

（三）相关知识

1. 计算机的基本结构

尽管各种计算机在性能和用途等方面有所不同，但是其基本结构都遵循冯·诺依曼体系结构，人们将采用这种结构的计算机称为冯·诺依曼计算机。

冯·诺依曼计算机主要由运算器、控制器、存储器、输入设备和输出设备5部分组成，这5个组成部分的职能和相互关系如图1-2所示。

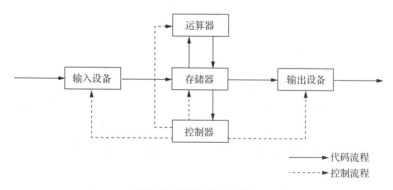

图1-2 计算机的基本结构

2. 认识计算机硬件

计算机硬件主要包括以下9种。

（1）微处理器。微处理器是由一片或少数几片大规模集成电路组成的中央处理器（Central Processing Unit，CPU），这些电路用于执行控制部件和算术逻辑部件的功能。微处理器中不仅有运算器、控制器，还有寄存器与高速缓冲存储器。CPU既是计算机的指令中枢，也是系统的最高执行单位。

（2）内存储器。内存储器也称内存，是计算机中用来临时存放数据的地方，也是CPU处理数据的中转站。内存的容量和存取速度直接影响CPU处理数据的速度。内存主要由内存芯片、电路板和金手指等组成。

（3）主板。主板是机箱中最重要的电路板。主板上布满了各种电子元器件、插座、插槽和外部接口，可以为计算机的所有部件提供插槽和接口，并通过其中的线路统一协调所有部件的工作。

（4）硬盘。硬盘是计算机中最大的存储设备，通常用于存放永久性的数据和程序。硬盘容量是选购硬盘的主要性能指标之一。

（5）光盘驱动器。光盘驱动器简称光驱，是一种用来读取光盘信息的设备。

（6）鼠标。根据鼠标按键的不同，可以将鼠标分为三键鼠标和两键鼠标；根据鼠标工作原理的不同，又可将其分为机械鼠标和光电鼠标。此外，还有无线鼠标和轨迹球鼠标。

（7）键盘。用户通过键盘可以直接向计算机输入各种字符和命令，简化计算机的操作。不同生产厂商生产出的键盘型号各不相同。目前常用的键盘有107个键位。

（8）显卡。显卡又称显示适配器或图形加速卡，其功能主要是将计算机中的数字信号转换成显示器能够识别的信号，再将要显示的数据进行处理和输出。显卡可分担CPU的图形处理工作。

（9）显示器。显示器是计算机的主要输出设备，其作用是将显卡输出的信号（模拟信号或数字信号）以人眼可见的形式表现出来。目前主要有液晶显示器（Liquid Crystal Display，LCD）。

（四）实验实施

通常计算机的主机、显示器及鼠标、键盘都是分开包装的，购买计算机后，需要将各组成部分连接在一起，具体操作如下。

（1）将计算机各组成部分放在桌子的相应位置，然后将PS/2键盘连接线的插头对准主机后的紫色键盘接口并插入，如图1-3所示。

（2）将USB鼠标连接线的插头对准主机后的USB接口并插入，然后将显示器包装箱中配置的数据线的视频图形阵列（Video Graphics Array，VGA）插头插入显卡的VGA接口中，并拧紧插头上的两颗固定螺丝，如图1-4所示。如果显示器的数据线是数字视频接口（Digital Visual Interface，DVI）或高清多媒体接口（High Definition Multimedia Interface，HDMI）插头，对应连接机箱后的接口即可。

（3）将显示器数据线的另外一个插头插入显示器后面的VGA接口上，并拧紧插头上的两颗固定螺丝，再将显示器包装箱中配置的电源线的一头插入显示器的电源接口中，如图1-5所示。

（4）检查前面连接好的各种连线，确认连接无误后，将主机电源线连接到主机后的电源接口，如图1-6所示。

（5）将显示器的电源线插头插入电源插线板中，如图1-7所示。

（6）将主机的电源线插头插入电源插线板中，完成连接计算机硬件的操作即可通电，如图1-8所示。

图1-3 连接键盘

图1-4 连接鼠标和显示器数据线

图1-5 连接显示器电源线

图1-6 连接主机电源线

图1-7 连接电源插线板

图1-8 主机通电

（五）实验练习

观察计算机的组成部分，重点掌握各个部件的名称、功能等；了解主板上常用接口的功能、外观形状、颜色等；熟悉常见的外部设备的连接方法，要注意区分不同颜色和形状的接口所连接设备的不同。

实验三 安装Windows 10操作系统

（一）实验学时

2学时。

（二）实验目的

◇ 了解安装Windows 10操作系统的配置要求。
◇ 掌握Windows 10操作系统的安装方法。

（三）相关知识

1. 安装 Windows 10 操作系统的配置要求

Windows 10并没有刻意强调处理器性能要求，其配置要求较低，大致如下。
处理器支持1GHz或更高（支持 PAE、NX 和 SSE2）；屏幕支持800px×600px以上分辨率；固件支持UEFI 2.3.1，支持安全启动；内存支持2GB（64位）或1GB（32位）；硬盘空间不小于16GB（32位）或20GB（64位）；显卡支持DirectX 9。

2．查看计算机的配置

查看计算机配置的具体操作方法为：双击"此电脑"图标💻，打开"此电脑"窗口，在上方单击"计算机"选项卡，在下方单击"属性"按钮☑，打开"系统"窗口，在其中的"系统"栏中可查看配置情况。

（四）实验实施

了解了安装Windows 10操作系统的配置要求后，即可进行系统的安装。操作系统主要分为32位和64位，下面在计算机中通过光盘安装64位Windows 10操作系统，具体操作如下。

（1）将Windows 10的安装光盘放入光驱，启动计算机后，计算机将自动运行光盘中的安装程序。计算机将对光盘进行检测，并在屏幕中显示安装界面。

微课：安装
Windows 10 操
作系统的流程

（2）在打开的"Windows 安装程序"对话框中保持默认设置，单击"下一步"按钮，如图1-9所示，然后在打开的对话框中继续单击"现在安装"按钮。

（3）此时将显示"安装程序正在启动，稍等片刻"，在打开的对话框的"输入产品密钥以激活Windows"栏下方输入产品密钥，单击"下一步"按钮，如图1-10所示。

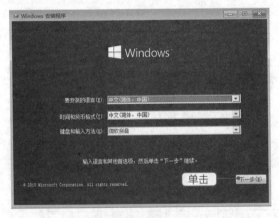

图1-9　设置系统语言

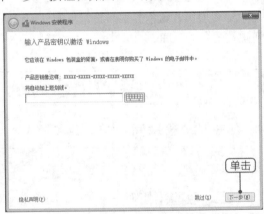

图1-10　输入产品密钥

（4）在打开的对话框的"操作系统"栏中选择"Windows 10专业版"选项，单击"下一步"按钮。在打开的"许可条款"对话框中单击选中"我接受许可条款"复选框，单击"下一步"按钮。

（5）打开"你想执行哪种类型的安装？"对话框，选择第一个选项。在打开的"你想将Windows安装在哪里？"对话框中选择安装Windows 10的磁盘分区，单击"下一步"按钮。

（6）此时在打开的"正在安装Windows"对话框中将显示安装进度。在安装的过程中会要求重启计算机，约10秒后会自动重启，也可单击"立即重启"按钮，立刻重启计算机。

（7）重启计算机后，将打开"现在该输入产品密钥了"对话框，在"输入产品密钥"文本框中输入产品密钥，单击"下一步"按钮。

（8）打开"快速上手"对话框，单击"使用快速设置"按钮进行快速设置。稍等片刻后将打开"谁是这台电脑的所有者？"对话框，在下方选择第一个选项，单击"下一步"按钮。

（9）打开"个性化设置"对话框，在下方输入微软账号和密码，单击"下一步"按钮。

（10）打开"为这台电脑创建一个账户"对话框，在下方输入用户名称、用户密码和密码提示，单击"下一步"按钮，如图1-11所示。

（11）稍等片刻后，将显示Windows 10操作系统的桌面，完成Windows 10的安装，如图1-12所示。

图1-11　计算机账户和密码

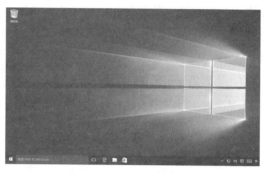

图1-12　完成安装操作

（五）实验练习

学生自行检查计算机的系统版本，操作提示如下。

在桌面的"计算机"图标上单击鼠标右键，在弹出的快捷菜单中选择"属性"命令，在打开的"系统"界面中可查看计算机的Windows操作系统版本，若不是Windows 10操作系统，可自行安装。

实验四　安装WPS Office 2019软件

（一）实验学时

1学时。

（二）实验目的

◇ 了解获取软件安装包的方法。

◇ 掌握WPS Office 2019的安装方法。

（三）相关知识

获取软件安装包的方法主要有以下3种。

（1）通过网站下载。许多软件开发商都会在网上公布一些共享软件和免费软件的安装程序，用户可上网搜索并下载这些安装程序。一些专门的软件网站也提供了各种常用软件供用户下载使用。除此之外，很多软件都有对应的官方网站，官方网站中也会提供下载方式。

（2）通过应用商店下载。单击"开始"按钮，在打开的"开始"菜单右侧选择"Microsoft Store"选项，打开"Microsoft Store"窗口。在"热门免费应用"栏中选择"QQ音乐"选项，打开"QQ音乐"界面。单击界面右上方的"获取"按钮，系统将自动进行下载操作，并在下方显示下载的进度，下载完成后将自动完成软件的安装操作，并显示"此产品已安装"。单击"启动"按钮，即可启动QQ音乐，并以窗口模式运行。

（3）通过软件管家下载。打开"腾讯电脑管家"，单击下方的"软件分析"标签，在打开的列表中单击"软件管理"超链接，打开"软件管理"窗口，在左侧单击"宝库"标签，在上方单击"图片"标签，在下方选择"2345看图王"选项，并单击下方的"安装"按钮，即可下载软件。下载完成后可直接安装软件。

（四）实验实施

下面讲解安装WPS Office 2019的方法，具体操作如下。

（1）运行安装程序。找到保存WPS Office 2019安装程序的位置，双击WPS Office 2019的图标，运行安装程序。

（2）同意安装协议。检测安装环境，在出现的对话框中单击选中"已阅读并同意金山办公软件许可协议和隐私政策"复选框，在展开的面板中单击"浏览"按钮。

（3）选择软件安装路径。打开"浏览文件夹"对话框，在下方的下拉列表中选择软件的保存位置，单击"确定"按钮。

（4）立即安装。单击"立即安装"按钮，系统开始安装WPS Office 2019软件并显示安装进度，等待片刻即可完成安装。

（五）实验练习

下载并安装"金山打字通"软件，操作提示如下。

（1）打开浏览器窗口，在浏览器窗口的搜索框中输入"金山打字通"，然后按"Enter"键。

（2）在打开的页面中找到带官网标识的条目并单击。

（3）在新打开的页面中下载"金山打字通"软件。

（4）下载成功后，选择下载的安装包进行安装。

微课：从官网下载"金山打字通"软件并安装

实验五　使用鼠标和键盘练习打字

（一）实验学时

2学时。

（二）实验目的

◇ 熟悉键盘的构成及各键位的功能和作用。

◇ 了解键盘和鼠标的基本操作。

◇ 掌握指法练习软件"金山打字通"的使用方法。

（三）相关知识

1. 键盘

以常用的107键键盘为例，按照各键功能的不同，可以将键盘分成主键盘区、编辑键区、小键盘区、状态指示灯区和功能键区5个部分。

（1）主键盘区。主键盘区用于输入文字和符号，包括字母键、数字键、符号键、控制键和Windows功能键，共61个键。其中，字母键"A"～"Z"用于输入26个英文字母；数字键"0"～"9"用于输入相应的数字和符号。

（2）编辑键区。编辑键区主要用于编辑过程中的光标控制。

（3）小键盘区。小键盘区主要用于快速输入数字及进行光标移动控制。

（4）状态指示灯区。状态指示灯区主要用来提示小键盘工作状态、大小写状态及滚屏锁定键的状态。

（5）功能键区。功能键区位于键盘的顶端，"Esc"键具有退出的作用；"F1"～"F12"键称为功能键；"Power"键、"Sleep"键和"Wake Up"键分别用于控制电源、转入睡眠状态和唤醒睡眠状态。

2. 键盘操作

首先保证正确的打字坐姿，然后将左手的食指放在"F"键上，右手的食指放在"J"键上，其他的手指（除大拇指和食指外）按顺序分别放置在相邻的"A""S""D""K""L"";"6个键上，双手的大拇指放在空格键上。打字时除大拇指外，其余8个手指各有一定的活动范围，把字符键位划分成8个区域，每个手指负责其区域字符的输入。

击键的要点及注意事项如下。

（1）手腕要平直，胳膊应尽可能保持不动。

（2）击键时要严格按照手指的键位分工，不能随意击键。

（3）击键时以手指指尖垂直向键位使用冲力，并立即反弹，不可用力太大。

（4）左手击键时，右手手指应放在基准键位上保持不动；右手击键时，左手手指也应放在基准键位上保持不动。

（5）击键后手指要迅速返回相应的基准键位。

（6）不要长时间按住一个键不放，击键时应尽量不看键盘，养成"盲打"的习惯。

3. 鼠标操作

食指和中指自然放置在鼠标的左键和右键上，大拇指横向放于鼠标左侧，无名指和小指放在鼠标的右侧，大拇指与无名指及小指轻轻握住鼠标，手掌心轻轻贴住鼠标后部，手腕自然垂放在桌面上，其中食指控制鼠标左键，中指控制鼠标右键和滚轮，如图1-13所示。当需要使用鼠标滚动页面时，用中指滚动鼠标的滚轮即可。

图1-13　鼠标的操作

（四）实验实施

下面通过使用"金山打字通"软件来帮助大家熟悉键盘操作，具体操作如下。

（1）打开"金山打字通"软件，如图1-14所示。若是第一次使用该软件，还需要注册才能使用；若已有用户名，选择相应的用户名登录。

（2）单击"新手入门"按钮，在打开的提示框中选择"自由模式"，单击"确定"按钮，然后再次单击"新手入门"按钮，在打开的界面中单击"打字常识"按钮，打开"认识键盘"界面，通过单击"下一页"按钮可依次学习相关的键位分布知识，如图1-15所示。

图1-14　"金山打字通"界面

图1-15　"认识键盘"界面

（3）单击"首页"超链接返回主界面，然后分别单击"英文打字""拼音打字""五笔打字"按钮进行练习，其中"拼音打字"界面如图1-16所示。

（4）在主界面分别单击"打字测试""打字教程""打字游戏"按钮进行练习，其中"打字测试"界面如图1-17所示。

图1-16　"拼音打字"界面

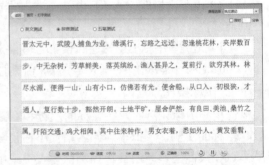

图1-17　"打字测试"界面

（五）实验练习

1. 熟悉基本键的位置

将左手的食指放在"F"键上，右手的食指放在"J"键上，其余手指分别放在相应的基准键位上，然后以"原地踏步"的方式练习各组字母键。在练习时要注意培养击键的感觉，如要输入字母"a"，先将双手手指（除大拇指外）放在8个基准键位上，大拇指放在空格键上，准备好后先用左手小指敲一下键盘上的"A"键，此时"A"键被按下又迅速弹回，手指也要在击键后迅速回到"A"键位上，击键完成后，字母"a"将显示在屏幕上。

练习左手食指键的指法，左手食指主要控制"R""T""F""G""V""B"键，每击完一次都回到基准键"F"上；练习右手食指键的指法，右手食指主要控制"Y""U""H""J""N""M"键；练习左、右手中指键的指法，左手中指主要控制"E""D""C"键，右手中指主要控制"I""K"","键；练习左、右手无名指键的指法，左手无名指主要控制"W""S""X"键，右手无名指主要控制"O""L"".""键；练习左、右手小指键的指法，左手小指主要控制"Q""A""Z"键，右手小指主要控制"P"";""/"键。

2. 数字键的指法练习

数字键的击键方法与字母键相似，只是手指的移动距离比击字母键长，难度更大。输入数字时左手控制"1""2""3""4""5"，右手控制"6""7""8""9""0"。例如，若要输入"1234"，应先将双手手指放在基准键位上，然后将左手抬离键盘而右手不动，用左手小指迅速按一下数字键"1"并迅速回到基准键位上，再用同样的方法输入"234"即可。应认真练习数字的输入，始终要坚持手指击键完毕后就返回基准键位。

3. 指法综合练习

如果是大、小写字母混合输入的情况，当大写字母在右手控制区时，左手小指按住"Shift"键不放，右手按字母键，然后左、右手同时松开并返回基准键位；如果输入的大写字母在左手控制区，则用右手小指按住"Shift"键，左手按字母键，然后左、右手同时松开并回到基准键位。

2

第2章
计算机操作系统基础

配套教材的第3章首先介绍了计算机操作系统的基础知识，然后着重介绍了Windows 10操作系统，最后对其他的一些常见的操作系统做了简要介绍。本章将介绍Windows 10操作系统中的相关操作，主要包括磁盘的分区管理、清理并整理磁盘碎片、创建和整理桌面图标、添加与删除输入法、文件与文件夹的基本操作、自定义Windows 10操作系统等。通过对本章的学习，学生可以全面了解Windows 10的基本功能并掌握其操作方法。

实验一 磁盘的分区管理

（一）实验学时

1学时。

（二）实验目的

◇ 掌握在Windows 10 "磁盘管理"窗口中新建简单卷、删除简单卷、扩展磁盘分区、压缩磁盘分区、更改驱动器号和路径等操作。

（三）相关知识

磁盘分区是指将磁盘划分为几个独立的区域用来存储数据，这样可以更加方便地存储和管理数据，一般在安装操作系统后就会对磁盘进行分区。

（四）实验实施

用户在进行磁盘分区管理时，可在程序向导的帮助下进行新建简单卷、删除简单卷、扩展磁盘分区、压缩磁盘分区、更改驱动器号和路径等操作。下面在 "磁盘管理"窗口中新增加一个磁盘分区，然后将 "H" 盘符更改为 "G" 盘符，具体操作如下。

（1）在桌面上的 "此电脑"图标上单击鼠标右键，在弹出的快捷菜单中选择 "管理"命令，打开 "计算机管理"窗口，再选择 "磁盘管理"选项，

微课：磁盘分区管理的具体操作

即可打开"磁盘管理"窗口。

（2）单击要创建简单卷的动态磁盘上的可用空间，然后选择"操作"→"所有任务"→"新建简单卷"命令，或在要创建简单卷的动态磁盘的可分配空间上单击鼠标右键，在弹出的快捷菜单中选择"新建简单卷"命令，即可打开"新建简单卷向导"对话框，在该对话框中设置卷的大小，并单击"下一步"按钮，如图2-1所示。

（3）设置好驱动器号和路径后，继续单击"下一步"按钮，如图2-2所示。

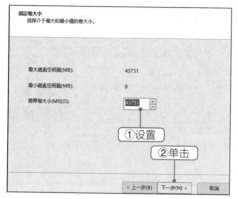

图2-1　设置新建卷的大小

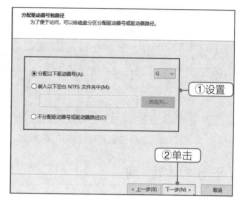

图2-2　设置驱动器号和路径

（4）设置所需参数，格式化新建分区后，继续单击"下一步"按钮。

（5）显示设定的参数，单击"完成"按钮，完成"创建简单卷"的操作。

（6）返回"磁盘管理"窗口，在要更改驱动器号的卷上（此处为H卷）单击鼠标右键，在弹出的快捷菜单中选择"更改驱动器号和路径"命令，或选择"操作"→"所有任务"→"更改驱动器号和路径"命令，打开"更改H:(新加卷)的驱动器号和路径"对话框，然后单击"更改"按钮。

（7）打开"更改驱动器号和路径"对话框，从右侧的下拉列表中选择新分配的驱动器号，然后单击"确定"按钮。

（8）打开"磁盘管理"对话框，单击"是"按钮。

（9）打开"磁盘管理"窗口，在需要删除的简单卷上单击鼠标右键，在弹出的快捷菜单中选择"删除卷"命令，或选择"操作"→"所有任务"→"删除卷"命令，系统将打开"删除简单卷"对话框，单击"是"按钮完成卷的删除，删除后原区域显示为可用空间，如图2-3所示。

图2-3　删除简单卷

（10）打开"磁盘管理"窗口，在要扩展的卷上单击鼠标右键，在弹出的快捷菜单中选择"扩展卷"命令，或选择"操作"→"所有任务"→"扩展卷"命令，打开"扩展卷向导"对话框，单击"下一步"按钮，设置所选磁盘的"空间量"参数，如图2-4所示。单击"下一步"按钮，单击"完成"按钮，退出扩展卷向导。此时，磁盘的容量将把"可用空间"扩展进来。

（11）打开"磁盘管理"窗口，在要压缩的卷上单击鼠标右键，在弹出的快捷菜单中选择"压缩卷"命令，或选择"操作"→"所有任务"→"压缩卷"命令，打开"压缩"对话框。在"压缩"对话框中设置"输入压缩空间量"参数，单击"压缩"按钮完成压缩，如图2-5所示。压缩后的磁盘分区将变成"可用空间"。

图2-4　选择磁盘和确定待扩展空间

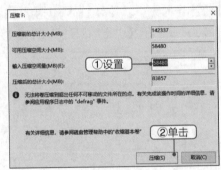

图2-5　设置压缩参数

（五）实验练习

对计算机的磁盘进行分区管理，操作提示如下。

（1）在"磁盘管理"窗口选择一个空间较为充足的磁盘，单击鼠标右键，在弹出的快捷菜单中选择"压缩卷"命令。

（2）在打开的"压缩"对话框中根据自己的实际需求设置磁盘空间大小，单击"压缩"按钮，此时"磁盘管理"窗口将会多出一个未分配空间的新磁盘，选择新磁盘并单击鼠标右键，在弹出的快捷菜单中选择"新建简单卷"命令，在"新建简单卷向导"对话框中单击"下一步"按钮。

（3）接下来根据新建简单卷向导继续单击"下一步"按钮即可，直到不再出现"下一步"按钮，而是出现"完成"按钮，最后单击"完成"按钮结束操作。

实验二　清理并整理磁盘碎片

（一）实验学时

1学时。

（二）实验目的

◇　了解清理磁盘的两种方法。
◇　掌握清理磁盘和整理磁盘碎片的具体操作。

（三）相关知识

清理磁盘有以下两种方法。

（1）选择"开始"→"Windows管理工具"→"磁盘清理"命令，打开"磁盘清理：驱动器选择"对话框。选择需要进行清理的磁盘。单击"确定"按钮，系统计算出可以释放的空间后自动打开"磁盘清理"对话框，在对话框中选择要清理的内容，然后单击"确定"按钮。打开确认清理对话框，单击"删除文件"按钮。

（2）在"此电脑"窗口的某个磁盘上单击鼠标右键，在弹出的快捷菜单中选择"属性"命令，单击"常规"选项卡，然后单击"磁盘清理"按钮，在打开的对话框中选择要清理的内容，最后单击"确定"按钮。

（四）实验实施

1. 清理磁盘

用户在使用计算机进行读写与安装操作时，会留下大量的临时文件和没用的文件，不仅占用磁盘空间，还会降低系统的处理速度，因此需要定期进行磁盘清理，以释放磁盘空间。下面将清理C盘中已下载的程序文件和Internet临时文件，具体操作如下。

（1）选择"开始"→"Windows管理工具"→"磁盘清理"命令，打开"磁盘清理：驱动器选择"对话框。

（2）在对话框中选择需要进行清理的C盘，单击"确定"按钮，系统计算出可以释放的空间后自动打开"磁盘清理"对话框，在对话框的"要删除的文件"列表中单击选中"设置日志文件""已下载的程序文件""Internet临时文件"复选框，然后单击"确定"按钮，如图2-6所示。

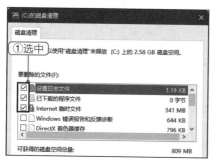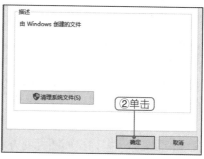

图2-6　"磁盘清理"对话框

（3）打开"确认"对话框，单击"删除文件"按钮，系统将执行磁盘清理操作，以释放磁盘空间。

2. 整理磁盘碎片

计算机使用时间长了，系统运行速度会慢慢降低，其中有一部分原因是系统磁盘碎片太多，整理磁盘碎片可以让系统运行更流畅。对磁盘进行碎片整理需要在"磁盘碎片整理程序"窗口中进行。下面对C盘中的碎片进行整理，具体操作如下。

微课：整理磁盘碎片的具体操作

（1）选择"开始"→"Windows管理工具"→"碎片整理和优化驱动器"命令，打开"优化驱动器"对话框。

（2）选择要整理的C盘，单击"分析"按钮，开始对所选的磁盘进行分析，分析结束后，单击"优化"按钮，开始对所选的磁盘进行碎片整理。在"优化驱动器"对话框中，还可以同时选择多个磁盘进行分析和优化。

（五）实验练习

1. 清理计算机中的其他磁盘

在"此电脑"窗口中任意选择一个磁盘，在弹出的快捷菜单中选择"属性"命令，单击"常规"选项卡，然后单击"磁盘清理"按钮，清理磁盘中的部分文件。

2. 整理计算机中的磁盘碎片

选择计算机中文件较多的磁盘，并对所选磁盘进行碎片整理。

实验三　创建和整理桌面图标

（一）实验学时

2学时。

（二）实验目的

◇ 掌握创建桌面图标的方法。
◇ 掌握创建并整理快捷方式图标的方法。

（三）相关知识

桌面图标是用户打开某个程序的快捷途径，通过双击它，可快速打开其对应的程序。桌面图标包括系统图标、快捷方式图标以及文件和文件夹图标。整理桌面图标主要分为排列桌面图标和删除桌面图标。

（1）排列桌面图标。排列桌面图标的方法有手动排列和自动排列两种。手动排列的方法是将鼠标指针移动到某个图标上，按住鼠标左键不放，拖曳图标到目标位置后释放即可；自动排列的方法是在桌面空白处单击鼠标右键，在弹出的快捷菜单中选择"查看"→"自动排列图标"命令。

（2）删除桌面图标。计算机桌面上常常会有不常用的图标，或是误操作产生的图标，这时就需要删除这些图标。删除桌面图标的方法有使用快捷菜单删除和拖曳删除两种。

（四）实验实施

1. 创建常用桌面图标

新安装的操作系统中桌面上只包含"回收站"图标，为了方便后期的操作，可将其他常用图标调出来，并放于桌面上。下面讲解创建常用桌面图标的方法，具体操作如下。

（1）在桌面上的空白区域单击鼠标右键，在弹出的快捷菜单中选择"个性化"命令。

（2）在打开的窗口中单击"主题"选项卡，在右侧的窗格中单击"桌面图标设置"超链接。打开"桌面图标设置"对话框，在"桌面图标"栏中单击选中需要在桌面上显示的图标，单击"确定"按钮，如图2-7所示。

（3）添加桌面图标后，即可在桌面上看见新添加的图标，如图2-8所示。

图2-7　选择桌面图标

图2-8　创建桌面图标

2. 创建并整理快捷方式图标

非系统盘安装的软件，不会默认显示在桌面中，若需要将这些软件显示在桌面中，可为软件创建快捷方式图标，并根据需要对创建的快捷方式图标进行排列，具体操作如下。

（1）在桌面上的空白区域单击鼠标右键，在弹出的快捷菜单中选择"新建"命令，在打开的子菜单中选择"快捷方式"命令。

（2）打开"创建快捷方式"对话框。单击"浏览"按钮，打开"浏览文件或文件夹"对话框，在"从下面选择快捷方式的目标"栏中选择需要添加快捷方式的选项，这里选择"OneDrive"选项。

（3）依次单击"确定"和"下一步"按钮，继续进行快捷方式的创建，保持其他默认设置不变，单击"完成"按钮。

（4）在桌面上单击鼠标右键，在弹出的快捷菜单中选择"排序方式"→"项目类型"命令，对快捷方式图标进行整理。

（五）实验练习

将文件或文件夹快捷方式图标发送到桌面并进行排列，操作提示如下。

选择要设置快捷方式图标的文件或文件夹，单击鼠标右键，在弹出的快捷菜单中选择"发送到"→"桌面快捷方式"命令，返回桌面可发现选择的文件或文件夹已经以快捷方式图标的形式显示在桌面上。在桌面上单击鼠标右键，在弹出的快捷菜单中选择"排序方式"→"大小"命令，对快捷方式图标进行整理。

实验四 添加与删除输入法

（一）实验学时

2学时。

（二）实验目的

◇ 掌握添加与删除输入法的方法。

（三）相关知识

用户可根据使用习惯，下载和安装其他输入法，如QQ拼音输入法、搜狗拼音输入法等。单击语音栏中的"输入法"按钮，可在打开的面板中选择需要的输入法；按"Windows"键+空格键可切换输入法。按"Ctrl+Shift"组合键可在各种输入法之间进行轮流切换，同时任务栏右侧的语音栏将跟随着变化，以显示当前所选择的输入法。

（四）实验实施

下面将添加"微软拼音"输入法，删除"微软五笔"输入法，具体操作如下。

（1）使用鼠标单击"输入法"图标，在打开的面板中选择"语言首选项"选项。

（2）打开"设置"窗口，并默认打开"语言"选项卡，在"添加语言"栏中选择"中文（中华人民共和国）"选项。

（3）单击"选项"按钮，在打开窗口的"键盘"列表中选择"添加键盘"选项，在打开的下拉列表中选择"微软拼音"选项，如图2-9所示。

（4）继续在该窗口中选择"微软五笔"选项，在打开的下拉列表中单击"删除"按钮，如图2-10所示。完成后单击"关闭"按钮，即可完成添加和删除输入法的操作。

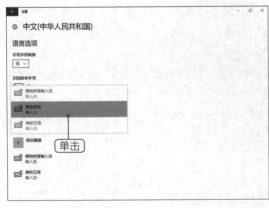

图2-9　添加输入法

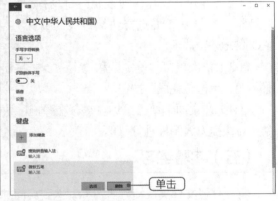

图2-10　删除输入法

（五）实验练习

在记事本程序中使用微软拼音输入法输入会议通知，操作提示如下。

（1）启动记事本程序。

（2）切换到微软拼音输入法。

（3）输入会议通知内容。

实验五　文件与文件夹的基本操作

（一）实验学时

2学时。

（二）实验目的

◇　掌握Windows 10中文件与文件夹的基本操作。

（三）相关知识

文件是数据的表达方式，常见的文件类型包括文本文件、图片文件、音频文件、视频文件等。文件由文件图标和文件名称组成，文件图标根据文件类型不同而发生变化；文件名称分为文件名和扩展名两部分，如文件名称"会议通知.docx"中，"会议通知"为用户自定义的文件名，".docx"为扩展名。

（四）实验实施

文件与文件夹的基本操作包括新建文件或文件夹、选择文件或文件夹、移动与复制文件或文件夹、隐藏与显示文件或文件夹、删除与还原文件或文件夹、重命名文件或文件夹、查找文件或文件夹、查看文件或文件夹属性、共享文件或文件夹等。下面练习文件与文件夹的相关操作。

（1）新建文件或文件夹。在"F"盘中新建一个名为"图片"的文件夹，再在该文件夹中创建一个文本文档。

（2）选择文件或文件夹。选择单个或连续的文件或文件夹时，可直接拖曳鼠标指针进行选择；选择大量或不连续的多个文件或文件夹时，可使用键盘和鼠标配合完成。

（3）移动与复制文件或文件夹。练习通过快捷菜单、组合键、菜单栏、工具栏等来移动文件或文件夹；练习通过快捷菜单、组合键、"主页"/"组织"组等来复制文件或文件夹。

（4）隐藏与显示文件或文件夹。选择要隐藏的文件或文件夹，选择"查看"/"显示/隐藏"组，单击"隐藏所选项目"按钮，即可隐藏文件或文件夹；在"查看"/"显示/隐藏"组中单击选中"隐藏的项目"复选框，即可在窗口中看到被隐藏的文件或文件夹以稍浅的颜色显示。

（5）删除与还原文件或文件夹。练习通过快捷菜单删除与还原文件或文件夹。

（6）重命名文件或文件夹。在需要重命名的文件或文件夹上单击鼠标右键，在弹出的快捷菜单中选择"重命名"命令，此时文件或文件夹名称呈蓝底白字的可编辑状态，输入新的名称，然后按"Enter"键或单击空白区域即可。

（7）查找文件或文件夹。在"此电脑"窗口的"搜索"栏中输入需要搜索的文件或文件夹的关键字，在打开的窗口中将显示搜索的结果，双击搜索结果即可打开文件或文件夹。

（8）查看文件或文件夹属性。在窗口中选择需要查看属性的文件或文件夹，选择"主页"/"打开"组，单击"属性"按钮，在弹出的下拉列表中选择"属性"选项，可在打开的对话框中查看文件或文件夹的类型、位置、大小和占用空间等属性。

（9）共享文件或文件夹。选择需要共享的文件或文件夹，单击鼠标右键，在弹出的快捷菜单中选择"属性"命令，打开"属性"对话框，单击"共享"按钮，打开"文件共享"对话框，选择需要共享的用户，单击"添加"按钮，再单击"共享"按钮即可，如图2-11所示。

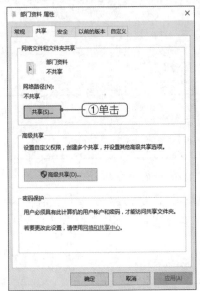
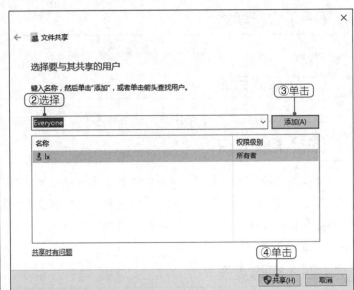

图2-11　共享文件或文件夹

（五）实验练习

对计算机"E"盘中的文件和文件夹进行管理，操作提示如下。

先在"E"盘中创建一个名为"图片文档"的文件夹，然后通过复制、移动、重命名、删除等操作，对磁盘中相应的文件和文件夹进行分类整理，并放置到相应的文件夹中。

实验六　自定义Windows 10操作系统

（一）实验学时

2学时。

（二）实验目的

◇　掌握Windows 10的个性化设置方法。

◇　掌握Windows 10中自定义任务栏的方法。

◇　掌握Windows 10中设置时间和日期及声音的方法。

（三）相关知识

Windows 10的性能越来越好，使用人群也越来越多，为了让系统操作起来更加方便、快捷，用户可以根据自己使用计算机的习惯对系统进行个性化设置，包括桌面背景、颜色、锁屏界面、开始菜单等。

对Windows 10进行个性化设置的方法：在系统桌面的空白区域单击鼠标右键，在弹出的快捷菜单中选择"个性化"命令，进入个性化设置界面，选择相应的选项卡便可进行个性化设置。

（1）"背景"选项卡。单击"背景"选项卡，在该选项卡中可以更改图片、选择图片契合度、设置纯色或者幻灯片放映等参数。

（2）"颜色"选项卡。单击"颜色"选项卡，在该选项卡中，可以为系统选择不同的颜色，也可以单击"自定义颜色"按钮，在打开的对话框中自定义自己喜欢的主题颜色。

（3）"锁屏界面"选项卡。单击"锁屏界面"选项卡，在该选项卡中，可以选择系统默认的图片，也可以单击"浏览"按钮，将本地图片设置为锁屏画面。

（4）"主题"选项卡。单击"主题"选项卡，在该选项卡中，可以自定义主题的背景、颜色、声音以及鼠标指针样式等项目，最后保存主题。

（5）"字体"选项卡。单击"字体"选项卡，在该选项卡中，可以为设备安装并添加字体。

（6）"开始"选项卡。单击"开始"选项卡，在该选项卡中，可以设置"开始"菜单栏显示的应用程序。

（7）"任务栏"选项卡。单击"任务栏"选项卡，在该选项卡中可以设置任务栏在屏幕上的显示位置和显示内容等。

（四）实验实施

1. 个性化设置 Windows 10

Windows 10默认的系统桌面是深蓝色的背景，用户可设置个性化外观效果让桌面焕然一新，具体操作如下。

（1）更改系统桌面背景。在Windows 10操作系统的桌面空白处单击鼠标右键，在弹出的快捷菜单中选择"个性化"命令，先设置纯色背景，然后设置图片背景，再设置自定义图片为背景，最后设置背景为幻灯片放映。

（2）更改颜色。打开"设置"窗口，在左侧的"主页"栏中选择"颜色"选项卡，在右侧的"Windows颜色"栏中选择需要的颜色，在其下方还可设置透明效果、应用区域和应用模式等。在对应的区域即可查看更改的主题颜色。

（3）更改系统主题。打开"设置"窗口的"主题"选项卡，选择"鲜花"主题；然后单击"桌面图标设置"超链接，选择"此电脑"桌面图标，更换图标。

（4）更改屏幕分辨率。在桌面空白处单击鼠标右键，在弹出的快捷菜单中选择"显示设置"命令，打开"设置"窗口，调整屏幕分辨率为"1280×1024"。

微课：个性化设置 Windows 10 的具体操作

（5）设置屏幕保护程序。在"设置"窗口中选择"锁屏界面"选项卡，然后单击"屏幕保护程序设置"超链接，打开"屏幕保护程序设置"对话框。在"屏幕保护程序"下拉列表中选择所需的选项，这里选择"彩带"选项，在"等待"数值框中输入等待时间，这里输入"10"，单击"确定"按钮，完成设置并退出对话框。

2. 自定义任务栏

自定义任务栏包括将程序固定在任务栏中、添加工具栏和调整语音助手的显示设置等，具体操作如下。

（1）将程序固定在任务栏中。单击"开始"按钮，选择需要固定到任务栏的程序图标，按住鼠标左键不放进行拖曳，将图标拖曳至任务栏的空白区域，释放鼠标左键即可将该程序固定在任务栏中。

（2）添加工具栏。在任务栏的空白区域单击鼠标右键，在弹出的快捷菜单中选择"工具栏"→"桌面"命令，可看到"桌面"工具栏已显示在任务栏中。

（3）调整语音助手的显示设置。在任务栏的空白区域单击鼠标右键，在弹出的快捷菜单中选择"Cortana"→"显示Cortana图标"命令，此时可发现任务栏中Cortana语音助手的搜索框已经消失，取而代之的是该程序的图标。也可在快捷菜单中选择"Cortana"→"隐藏"命令，将Cortana语音助手完全隐藏。

3. 设置日期和时间及声音

在Windows 10中，用户可以对计算机系统的日期和时间及声音等进行设置，使其更符合自己使用计算机的需求和习惯，具体操作如下。

（1）设置日期和时间。单击"日期和时间设置"超链接，设置方式为自动设置时区，然后按照当前时间更改时间和日期。

（2）设置声音。练习通过直接设置和音量合成器设置两种方法来设置系统的声音。

（五）实验练习

替换桌面背景，并设置主题颜色，操作提示如下。

（1）选择"个性化"命令，打开"设置"窗口，在右侧的"选择图片"栏中任意选择一张风景照图片，在"选择契合度"下拉列表中选择"适应"选项。

（2）打开"设置"窗口，在右侧的"选择图片"栏中任意选择一张风景照图片，在"选择契合度"下拉列表中选择"适应"选项。

（3）选择左侧"个性化"栏中的"颜色"选项卡，在打开界面的"主题色"栏中选择第一排第一个颜色，然后分别单击"使'开始'菜单、任务栏和操作中心透明""显示'开始'菜单、任务栏和操作中心的颜色""显示标题栏的颜色"栏中对应的按钮启用设置的颜色。

第3章
WPS文字办公软件

配套教材的第4章主要讲解了使用WPS文字办公软件制作文档的操作方法。本章将以6个独立的实例为实验任务，通过对这些实验任务的讲解，使学生熟练掌握使用WPS文字办公软件制作相关文档的方法。

实验一　制作"活动通知"文档

（一）实验学时

2学时。

（二）实验目的

◇　掌握WPS文字的基本操作。
◇　掌握WPS文字的文本编辑操作。

（三）相关知识

1. WPS 文字的基本操作

WPS文字的基本操作包括新建文档、打开文档、保存文档、关闭文档、保护文档等。

（1）新建文档。在WPS Office 2019的工作界面中单击功能列表区中的"新建"按钮，再选择"文字"选项卡，在WPS 文字界面的"推荐模板"中选择"新建空白文档"选项，软件将切换到WPS文字编辑界面，并自动新建名为"文字文稿1"的空白文档。

（2）打开文档。打开WPS文档比较简单的操作方法：打开WPS文档所在文件夹，双击该WPS文档的文件图标即可。

（3）保存文档。保存新建的文档，可直接单击快速访问工具栏中的"保存"按钮，或在WPS文字工作界面中选择"文件"→"保存"命令，也可以按"Ctrl+S"组合键，打开"另存文件"对话框，在"位置"下拉列表中选择文档的保存路径，在"文件名"下拉列表中设置文件名称，单击"保存"按钮完成保存操作。

（4）关闭文档。关闭文档可单击WPS 文字工作界面右上角的"关闭"按钮，同时也会退出WPS Office 2019。

（5）保护文档。在WPS文字中，可采用文档加密和限制编辑两种方法来保护文档。文档加密的具体操作方法为：在WPS 文字工作界面中选择"文件"→"文档加密"命令，在打开的界面中设置文档权限或密码加密。限制编辑功能主要通过"审阅"选项卡中的"限制编辑"按钮来实现。

2. WPS 文字的文本编辑

文本编辑的主要操作有输入文本、选择文本、插入文本、删除文本、复制与剪切文本以及查找与替换文本等。

（1）输入文本。需要输入文本时，可将鼠标指针移至文档中需要输入文本的位置，单击定位文本插入点，然后输入文本。

（2）选择文本。在WPS文字中，选择文本主要包括选择任意文本、选择一行文本、选择一段文本、选择整篇文档等。

（3）插入文本。在默认状态下，直接在文本插入点处输入文本，即可在文本插入点处插入文本。

（4）删除文本。需要删除文本时，可将鼠标指针定位到文档中需要删除文本的位置，然后按"BackSpace"键或"Delete"键。

（5）复制与剪切文本。若要输入重复的内容或者将文本从一个位置移动到另一个位置，可使用复制或剪切功能来完成。

（6）查找与替换文本。当需要批量修改文档中的特定文本时，可使用查找与替换功能。查找与替换文本主要通过"查找和替换"对话框来实现。

（四）实验实施

活动通知类文档是办公人员在实际工作中经常需要制作的一类文档。下面制作"活动通知"文档，具体操作如下。

（1）新建文档。启动WPS Office 2019，在首页中单击功能列表区中的"新建"按钮，再选择"新建空白文档"选项。

（2）输入文本。切换到中文输入法，首先输入活动通知的标题，然后按两次"Enter"键换行，继续输入文本，完成"活动通知"文档的文本输入，效果如图3-1所示。

（3）选择并修改文本。将光标定位到第三行文本"集团"文字的左侧，按住鼠标左键向右拖曳选中该文本，并按"BackSpace"键删除，然后输入正确的文本"集体"，如图3-2所示。

（4）插入文本。将光标定位到第八行文本"开"字的左侧，输入"十分钟后"文本。

（5）查找和替换文本。统一查找文档中的"员工"文本，然后将其替换为"同事"文本。

（6）保存文档。按"Ctrl＋S"组合键打开"另存文件"对话框，将文件名设置为"活动通知"，文件类型为".wps"，单击"保存"按钮（配套资源：效果\第3章\实验一\活动通知.wps）。

活动通知

致公司全体员工：

为加强公司各部门同事间的交流与沟通，促进集团的团结协作，缓解近期大家紧张的工作状态，公司决定于2021年11月4日组织公司全体员工到成都动物园参观游玩。现对此活动行程做如下安排。

1. 11月4日上午8:00在公司门口集合；8:15清点人数，并安排上车；8:30准时出发前往成都动物园，行程大约1个半小时。

2. 10:30左右将抵达成都动物园，下车后大家可稍作休息，开始自由活动。

3. 13:30大家在草坪集合，公司会组织大家做小游戏等，希望各部门踊跃参加，游戏胜出者更有精美礼品赠送。

4. 15:30活动结束，合影留念，组织返程。

图3-1 输入文本

活动通知

致公司全体员工：

为加强公司各部门同事间的交流与沟通，促进集体的团结协作，缓解近期大家紧张的工作状态，公司决定于2021年11月4日组织公司全体员工到成都动物园参观游玩。现对此活动行程做如下安排：

1. 11月4日上午8:00在公司门口集合；8:15清点人数，并安排上车；8:30准时出发前往成都动物园，行程大约1个半小时。

2. 10:30左右将抵达成都动物园，下车后大家可稍作休愿，开始自由活动。

3. 13:30大家在草坪集合，公司会组织大家做小游戏等，希望各部门踊跃参加，游戏胜出者更有精美礼品赠送。

图3-2 修改文本

（五）实验练习

制作“表彰通报”文档，参考效果如图3-3所示，操作提示如下。

宏发科技关于表彰刘鹏的通报

研发部：

刘鹏在本月“创举突破”活动中，积极研究，解决了长期困扰公司产品的生产瓶颈，使机械长期受损的情况得以实质性减少。

为了表彰刘鹏，公司领导研究决定：授予刘鹏“先进个人”荣誉称号，并奖励20000元现金。

希望全体员工以刘鹏为榜样，在工作岗位上努力进取、积极创新，为公司开拓效益。

宏发科技有限公司（印章）

2020年12月20日

图3-3 “表彰通报”文档参考效果

（1）新建空白文档，在页面中输入文档“表彰通报.txt”中的内容（配套资源：素材\第3章\实验一\表彰通报.txt）。按“Ctrl+S”组合键保存文件，设置文件名为“表彰通报”，文件类型为“.wps”。

（2）设置除标题外文档中所有文本的字号为“四号”，正文文本首行缩进2个字符；设置标题文本格式为“黑体、三号”，标题文本居中对齐并加粗。

（3）复制文本“宏发科技”，在文档末尾日期前一段定位文本插入点，按“Enter”键换行，使用只粘贴文本方式粘贴文本，在其后输入文本“有限公司（印章）”，将最后两行文本的对齐方式设置为“右对齐”。

（4）使用查找和替换功能将文本“xx”替换为“刘鹏”，完成文本制作。

（5）为文档设置加密，密码为“123456”（配套资源：效果\第3章\实验一\表彰通报.wps）。

实验二　美化"工作计划"文档

（一）实验学时

2学时。

（二）实验目的

◇　熟悉字符格式的设置方法。

◇　掌握段落格式的设置方法。

◇　掌握项目符号和编号的设置方法。

◇　掌握边框与底纹的设置方法。

◇　掌握首字下沉的设置方法。

（三）相关知识

1. 字符格式的设置

为了制作出更加专业和美观的文档，有时需要设置文档中的字符格式，如字体、字号、颜色等。设置字符格式的命令基本集中在"开始"选项卡的"字体"组。

2. 段落格式设置

段落是文本、图形和其他对象的集合。回车符"↵"是段落的结束标记。WPS文字中的段落格式包括段落对齐方式、缩进、行间距和段间距等，设置段落格式可以使文档内容的结构更清晰、层次更分明。

3. 设置项目符号和编号

使用项目符号与编号功能，可为属于并列关系的段落添加●、★、◆等项目符号或"1. 2. 3."" A. B. C."等编号；还可组成多级列表，使文档内容层次分明、条理清晰。在"开始"选项卡中单击"项目符号"按钮，可添加默认样式的项目符号。在"开始"选项卡中单击"项目符号"下拉按钮，在打开的下拉列表中可选择项目符号样式。设置编号的方法与设置项目符号相似，在"开始"选项卡中单击"编号"按钮或单击该按钮右侧的下拉按钮，在打开的下拉列表中选择所需的编号样式即可。

4. 设置边框与底纹

选择需要设置边框的文档内容，在"页面布局"选项卡中单击"页面边框"按钮，打开"边框和底纹"对话框，在对话框中单击"边框""页面边框""底纹"选项卡，设置边框与底纹，最后单击"确定"按钮应用设置。

5. 设置首字下沉

首字下沉是突出显示段落中第一个文字的排版方式，可使段落更加醒目。将光标定位到需要设置首字下沉的段落中，单击"插入"选项卡中的"首字下沉"按钮，打开"首字下沉"对话框，在对话框中设置首字下沉的"位置""字体""下沉行数""距正文"等参数。

（四）实验实施

工作计划类文档在日常工作中较为常见，主要用于对一定时期的工作预先做出安排和打算。一般情况下，为了工作的需要，可对工作计划类文档进行适当美化，具体操作如下。

微课：美化"工作计划"文档的具体操作

（1）打开文档。选择"文件"→"打开"命令，打开"工作计划.docx"文档（配套资源：素材\第3章\实验二\工作计划.docx）。

（2）插入封面页。将光标定位到第一段文本的最左侧，单击"章节"选项卡中的"封面页"按钮。在打开的下拉列表中选择一个适合工作计划风格的封面页，并在封面页中输入文本内容，效果如图3-4所示。

（3）设置字体和字号。选择文档中的第一段文本，设置字体为"黑体"，字号为"二号"，设置其他文本的文本样式为"宋体、五号"，效果如图3-5所示。

图3-4　输入文本　　　　　　　　图3-5　设置字体和字号

（4）设置字体颜色。选择"二、工作安排"标题下的"5""500""1500"文本，单击"开始"选项卡中的"字体颜色"下拉按钮，在打开的下拉列表中选择"标准色"栏中的"红色"选项。

（5）设置加粗效果。选择"工作计划"文本，为其添加加粗效果。

（6）设置字符间距。选择"工作计划"文本，在"字体"对话框中设置字符间距为"加宽、0.2厘米"，如图3-6所示。

（7）设置字符边框和底纹。选择"二、工作安排"文本，单击"开始"选项卡中"突出显示"按钮右侧的下拉按钮，在打开的下拉列表中选择"黄色"选项。选择"5名党员""500亩""1500亩"文本，设置灰色底纹、黑色边框的字符效果，如图3-7所示。

（8）设置对齐方式。设置标题文本为居中对齐，制作日期文本为右对齐。

（9）设置段落缩进。选择"一、指导思想""四、科教兴农"标题下的段落内容，设置段落格式为"首行缩进2字符"，效果如图3-8所示。

（10）设置间距。在文档中选择除标题和最后一段文本外的所有文本，设置行距为1.5行，选择"二、工作安排"文本，设置段前和段后间距为0.5行，设置"三、基础设施建设""四、科教兴农""五、医疗卫生""六、精神文明建设"文本的段后间距为0.2行，效果如图3-9所示。

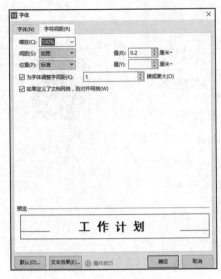

图3-6　设置字符间距

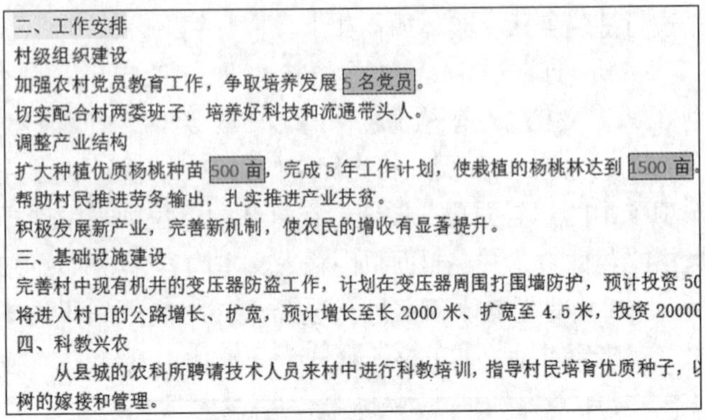

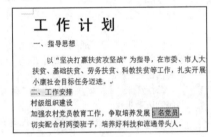

图3-7　设置字符边框和底纹

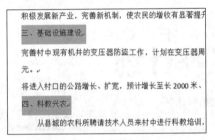

图3-8　设置段落缩进

图3-9　设置间距

（11）设置项目符号和编号。为"村级组织建设""调整产业结构"文本设置"箭头项目符号"，如图3-10所示；并为这两段文本下的段落设置图3-11所示的编号样式。最后用格式刷为"三、基础设施建设""六、精神文明建设"标题下的内容设置相同的编号样式（配套资源：效果\第3章\实验二\工作计划.docx）。

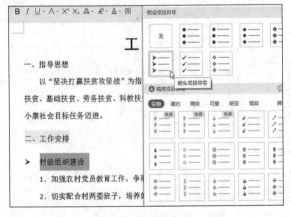

图3-10　设置项目符号

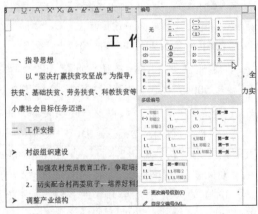

图3-11　设置编号

（五）实验练习

使用已有的素材文件制作并美化“工作简报”文档，部分参考效果如图3-12所示，操作提示如下。

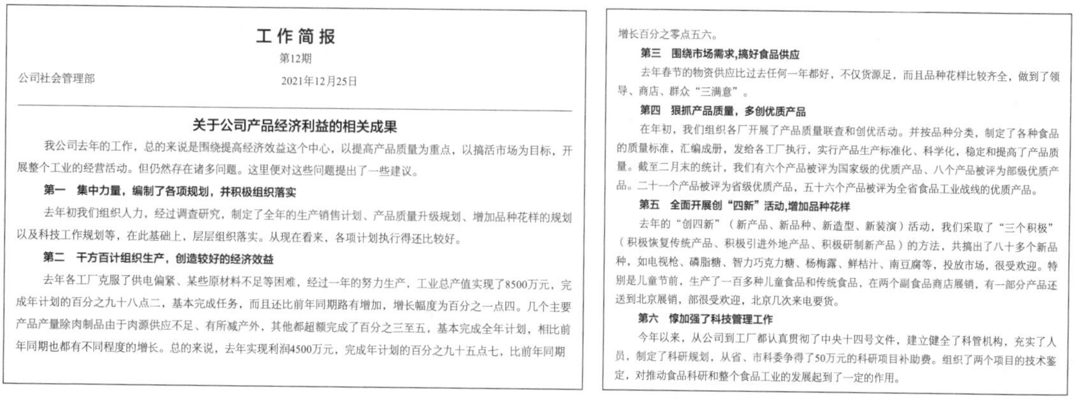

工 作 简 报

第12期

公司社会管理部　　2021年12月25日

关于公司产品经济利益的相关成果

我公司去年的工作，总的来说是围绕提高经济效益这个中心，以提高产品质量为重点，以搞活市场为目标，开展整个工业的经营活动。但仍然存在诸多问题。这里便对这些问题提出了一些建议。

第一　集中力量，编制了各项规划，并积极组织落实

去年初我们组织人力，经过调查研究，制定了全年的生产销售计划、产品质量升级规划、增加品种花样的规划以及科技工作规划等，在此基础上，层层组织落实。从现在看来，各项计划执行得还比较好。

第二　干方百计组织生产，创造较好的经济效益

去年各工厂克服了供电偏紧、某些原材料不足等困难，经过一年的努力生产，工业总产值实现了8500万元，完成年计划的百分之九十八点二，基本完成任务，而且还比前年同期路有增加，增长幅度为百分之一点四。几个主要产品产量除肉制品由于肉源供应不足、有所减产外，其他都超额完成了百分之三至五，基本完成全年计划，相比前年同期也都有不同程度的增长。总的来说，去年实现利润4500万元，完成年计划的百分之九十五点七，比前年同期增长百分之零点五六。

第三　围绕市场需求,搞好食品供应

去年春节的物资供应比过去任何一年都好，不仅货源足，而且品种花样比较齐全，做到了领导、商店、群众“三满意”。

第四　狠抓产品质量，多创优质产品

在年初，我们组织各厂开展了产品质量联查和创优活动。并按品种分类，制定了各种食品的质量标准，汇编成册，发给各工厂执行，实行产品生产标准化、科学化，稳定和提高了产品质量。截至二月末的统计，我们有六个产品被评为国家级的优质产品、八个产品被评为部级优质产品。二十一个产品被评为省级优质产品，五十六个产品被评为全省食品工业战线的优质产品。

第五　全面开展创“四新”活动,增加品种花样

去年的“创四新”（新产品、新品种、新造型、新装演）活动，我们采取了“三个积极”（积极恢复传统产品、积极引进外地产品、积极研制新产品）的方法，共搞出了八十多个新品种，如电视枪、磷脂糖、智力巧克力糖、杨梅露、鲜桔汁、南豆腐等，投放市场，很受欢迎。特别是儿童节前，生产了一百多种儿童食品和传统食品，在两个副食品商店展销，有一部分产品还送到北京展销，部很受欢迎，北京几次来电要货。

第六　惇加强了科技管理工作

今年以来，从公司到工厂都认真贯彻了中央十四号文件，建立健全了科管机构，充实了人员，制定了科研规划，从省、市科委争得了50万元的科研项目补助费。组织了两个项目的技术鉴定，对推动食品科研和整个食品工业的发展起到了一定的作用。

图3-12　“工作简报”文档部分参考效果

（1）新建“工作简报”文档，打开“工作简报.txt”素材文件（配套资源：素材\第3章\实验二\工作简报.txt），将文件中的文本内容复制到新建的文档中。

（2）设置“工作简报”标题文本的字体为“方正兰亭黑简体”，字号为“小初”，字体颜色为“红色”，然后加粗文本并居中对齐。

（3）单击“开始”选项卡“字体”组右下角的按钮，打开“字体”对话框，在其中单击选择“字符间距”选项卡，在“间距”下拉列表中选择“加宽”选项，在其后的“值”数值框中输入“0.24”。

（4）选择正文内容中除落款外的所有段落，打开“段落”对话框，设置首行缩进2个字符，在“段前”数值框中输入“0.5”，在“行距”下拉列表中选择“多倍行距”选项，在“设置值”数值框中输入“1.2”。

（5）为文档中格式与“集中力量”相同的段落设置第1种编号样式，单击“自定义”按钮，打开“自定义编号列表”对话框，在“编号格式”文本框中的编号前输入“第”，编号后输入两个空格，最后将编号应用于选择的段落，选择“第八”段落下的3段文本，在“编号”下拉列表中选择第3种编号样式应用于段落。

（6）为“公司社会管理部”所在的段落设置“1.5磅”（1cm≈28.35磅）的红色下边框。

（7）为文档最后的3个段落设置“宽度”为“0.75磅”的边框，最后保存文件（配套资源：效果\第3章\实验二\工作简报.wps）。

实验三　制作“差旅费报销单”文档

（一）实验学时

2学时。

（二）实验目的

◇ 掌握在WPS文字中创建并编辑表格的方法。
◇ 掌握在WPS文字中设置表格的方法。

（三）相关知识

1. 创建表格

在WPS文字中创建表格主要有快速插入表格、插入指定行数和列数的表格和绘制表格3种方法。

（1）快速插入表格。在"插入"选项卡中单击"表格"下拉按钮，并在打开的下拉列表中进行设置。

（2）插入指定行数和列数的表格。打开"插入表格"对话框，在对话框中自定义表格的列数和行数。

（3）绘制表格。在"插入"选项卡中单击"表格"下拉按钮，在打开的下拉列表中选择"绘制表格"选项。此时鼠标指针变为笔头形状，拖曳鼠标指针即可在文档编辑区绘制表格外边框，还可在表格内部绘制行列线。

2. 编辑表格

表格创建好后，可根据实际需要对其现有的结构进行调整。下面对选中和布局表格的内容进行介绍。

（1）选中表格。编辑表格前需要先选中表格，主要包括选中整行、选中整列和选中整个表格。

（2）布局表格。布局表格主要包括插入、删除、合并和拆分等操作。可选中表格中的单元格、行或列，在"表格工具"选项卡中进行设置。

除了选中和布局表格，还可以将表格转换为文本，或将文本转换为表格。

3. 设置表格

对于表格中的文本，可按设置文本和段落格式的方法设置其格式。此外，还可设置数据对齐方式、边框和底纹、表格样式、行高和列宽等内容。

（1）设置数据对齐方式。数据对齐方式是指单元格中文本的对齐方式。

（2）设置边框和底纹。设置边框和底纹可分别在"边框"选项卡和"表格样式"选项卡中单击相应的按钮进行。

（3）设置表格样式。使用WPS文字提供的表格样式，可以简单、快速地完成表格的设置和美化。可选择表格，在"表格样式"选项卡第二列中单击"样式"右侧的下拉按钮，在打开的下拉列表中选择所需的表格样式，应用到所选表格中。

（4）设置行高和列宽。练习通过拖曳鼠标指针设置和精确设置两种操作。

（四）实验实施

差旅费报销单是一种表格式单据，包括姓名、部门、事由、时间、地点、补贴项目、单据、张数、金额、合计（大小写）等内容。下面新建"差旅费报销单.wps"
文档，并在其中绘制表格，具体操作如下。

（1）新建文档。在WPS文字中创建名为"差旅费报销单.wps"的文档。

（2）绘制表格。手动绘制一个9行8列的表格，如图3-13所示。

（3）绘制表格内框线。保持表格的绘制状态，将笔形状的鼠标指针移至
第一列第五行单元格中，按住鼠标左键不放，向下拖曳至第9行单元格，如
图3-14所示。释放鼠标左键完成绘制，按照相同的操作方法，继续为表格绘
制其他内框线。

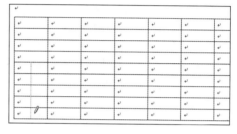

图3-13　绘制表格　　　　　　　　图3-14　绘制表格内框线

（4）调整纸张方向。单击"页面布局"选项卡中的"纸张方向"按钮，在打开的下拉列
表中选择"横向"选项。

（5）插入行和列。通过表格右边框和下边框的"添加"按钮，在表格右侧和底部分别插
入一空白的列和行。

（6）合并单元格。合并表格的第一行单元格，在合并后的单元格中输入"差旅费报销
单"文本，并设置字体格式为"黑体、三号"、文本对齐方式为"水平居中"。然后按照相同
的操作方法，合并表格中的单元格，并输入相应的文本内容。

（7）自动调整行高和列宽。将光标定位到表格中的任意一个单元格，单击"表格工具"
选项卡中的"自动调整"按钮，在打开的列表中选择"适应窗口大小"选项，此时，表格中的
行高和列宽将自动调整为适合单元格中文本显示的最佳效果，如图3-15所示。

（8）调整行高。打开"表格属性"对话框，设置表格的行高为"9毫米"，然后手动增加
第八行和最后一行的行高，效果如图3-16所示。

图3-15　自动调整行高和列宽　　　　　　　　图3-16　调整行高

（9）设置表格的底纹和边框。选择表格中的首行单元格和倒数第二行单元格，设置底纹为
"白色，背景1，深色5%"，然后在"合计"行的下边框绘制一双横线线条，如图3-17所示。

（10）计算表格数据。按"Esc"键退出表格绘制状态，利用"表格工具"选项卡中的
"fx公式"按钮计算出"合计"行中各单元格的数据，如图3-18所示。

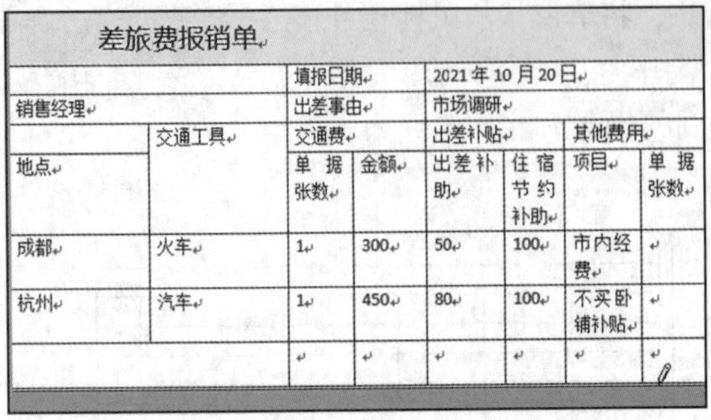

图3-17 设置表格的底纹和边框

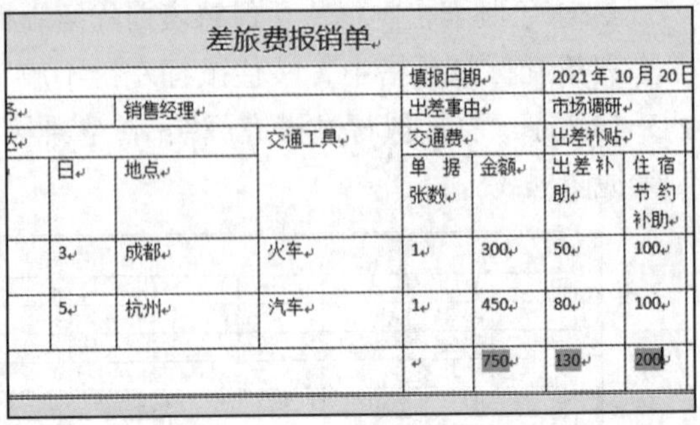

图3-18 计算表格数据

（11）设置"人民币大写"数字格式。定位光标到"总计金额（大写）"行中，打开"公
式"对话框，设置合计金额为"人民币大写"的数字格式，如图3-19所示。

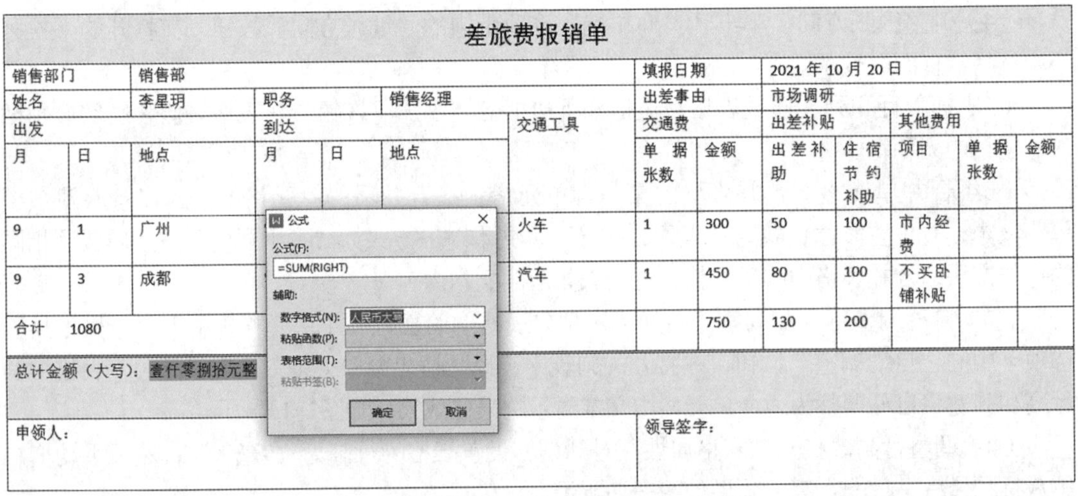

图3-19 设置"人民币大写"数字格式

（12）保存文档。按"Ctrl+S"组合键保存文档（配套资源：效果\第3章\实验三\差旅费报
销单.wps）。

（五）实验练习

1. 制作"员工个人信息表"文档

新建一个空白文档，并设置保存名称为"员工个人信息表.wps"，创建并编辑表格，参考
效果如图3-20所示，操作提示如下。

（1）新建一个空白文档，将其保存为"员工个人信息表.wps"，输入标题文本并设置其字

体格式为"宋体、三号、加粗"，对齐方式为"居中对齐"。

（2）在文档中打开"插入表格"对话框，插入一个23行7列的表格，然后在"表格工具"选项卡中合并和拆分单元格。

（3）在表格中输入内容文本，并设置其字体格式为"仿宋、五号"，对齐方式为"居中对齐"。

（4）拖曳鼠标指针调整表格的列宽和行高，然后对表格应用"浅色样式1-强调5"样式（配套资源：效果\第3章\实验三\员工个人信息表.wps）。

2. 制作"员工请假单"文档

新建一个空白文档，并设置保存名称为"员工请假单.wps"，创建并编辑表格，参考效果如图3-21所示，操作提示如下。

（1）新建一个空白文档，将其保存为"员工请假单.wps"，输入标题文本并设置其字体格式为"黑体、小二"，对齐方式为"居中对齐"。

（2）在文档中绘制一个7行6列的表格，然后在"表格工具"选项卡中合并和拆分单元格。

（3）在表格中输入内容文本，并设置其字体格式为"等线、五号"。

（4）调整表格的列宽和行高，并为最后一行单元格添加"灰度-25%，背景2"的底纹颜色（配套资源：效果\第3章\实验三\员工请假单.wps）。

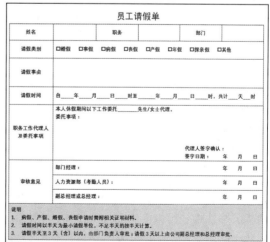

图3-20 "员工个人信息表"文档参考效果　　　　图3-21 "员工请假单"文档参考效果

35

实验四 制作"组织结构图"文档

（一）实验学时

2学时。

（二）实验目的

◇ 掌握WPS文字中图片、文本框和形状的添加方法。

◇ 掌握形状的编辑和美化方法。

◇ 掌握智能图形的设置和编辑方法。

（三）相关知识

在WPS文字中，经常需要制作图文并茂的文档，而图片、文本框和形状是此类文档必不可少的元素。下面介绍图片、文本框、形状等对象的操作方法。

1. 图片操作

在文档中使用图片，既可以美化文档页面，又可以直观地表达内容。

（1）插入图片。将光标定位到要插入图片的位置，在"插入"选项卡中单击"图片"按钮下方的下拉按钮，在打开的下拉列表中单击"本地图片"按钮，打开"插入图片"对话框。在对话框中选择要插入的图片，单击"打开"按钮插入图片。

（2）编辑图片。在文档中选择图片，激活"图片工具"功能选项卡，可通过该选项卡编辑图片。

2. 文本框操作

文本框在WPS文字中是一种特殊的编排对象，文本框可以被置于页面中的任何位置，而且用户可在文本框中输入文本、插入图片等，并且插入的对象不会影响文本框外的内容。

借助文本框可以在文档页面的任意位置输入文本，具有较大的灵活性，在编辑非正式的文档时经常用到。WPS文字提供了横向、竖向和多行文字3种文本框，用户可根据需要选择合适的文本框插入使用。单击"插入"选项卡中的"文本框"下拉按钮，在打开的下拉列表中选择需要的选项，如选择"竖向"选项，鼠标指针会变成╋形状，按住鼠标左键，在文档页面中拖曳鼠标指针绘制一个文本框，绘制完成后，释放鼠标左键，在文本框中输入文本，文本将竖向排列显示。

3. 形状操作

制作图形需要使用WPS文字的形状绘制工具。通过形状绘制工具，可绘制出线条、矩形、箭头、流程图、星与旗帜等图形；还可根据需要编辑绘制的形状，使文档整体更加美观。在"插入"选项卡中单击"形状"按钮，在打开的下拉列表中选择形状选项，移动鼠标指针到文档编辑区中，按住鼠标左键拖曳鼠标指针绘制形状，释放鼠标左键即可完成绘制。单击鼠标右键，在弹出的快捷菜单中选择"添加文字"命令，可在形状中输入文本。

（四）实验实施

组织结构图能够反映组织内各机构、岗位相互之间的关系。制作"组织结构图"文档时，通常难以用文本阐述，而插入智能图形和文本框，创建不同布局的层次结构图形，可以快速、有效地表示出层次结构和从属关系。下面在"组织结构图.wps"文档中制作组织结构图，具体操作如下。

微课：编辑"组织结构图"文档的具体操作

（1）插入文本框。打开"组织结构图.wps"素材文档（配套资源：素材\第3章\实验四\组织结构图.wps），然后在文档中插入横向的文本框，并在文本框中输入文本"组织结构图"，如图3-22所示。

（2）编辑文本框。取消文本框的填充颜色和轮廓颜色，设置文本的字体格式为"方正中雅宋简、初号"。

（3）应用文本样式。选中文本框，应用"填充-橙色，着色4，软边缘"样式，如图3-23所示，并将其设置为"水平居中"。

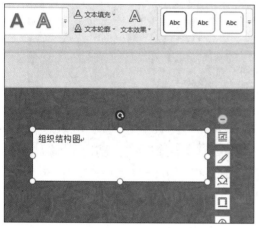
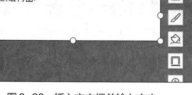

图3-22　插入文本框并输入文本

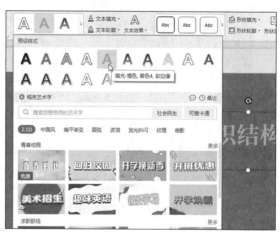

图3-23　应用文本样式

（4）插入智能图形。单击"插入"选项卡中的"智能图形"下拉按钮，插入图3-24所示的"组织结构图"的智能图形。

（5）删除多余形状。选择从上到下的第2个形状的边框，按"Delete"键删除，效果如图3-25所示。

（6）添加形状并输入文本。在该组织结构图的第二等级中添加两个空白的平级形状，然后在第一等级的形状中输入"总经理"文本，按照相同的方法，继续在第二等级的5个形状中依次输入"生产部""安装部""销售部""行政部""财务部"文本，如图3-26所示。

（7）添加下一级形状并输入文本。在"生产部""销售部""财务部"形状的下方各添加两个同等级别的形状，然后在新添加的第三等级的6个形状中依次输入"一车间""二车间""销售一部""销售二部""会计""出纳"文本，如图3-27所示。

（8）设置字体格式。设置第一等级形状中"总经理"文本的字体格式为"方正兰亭中黑、小二"，然后设置第二等级和第三等级形状中文本的字体格式为"黑体、三号"。

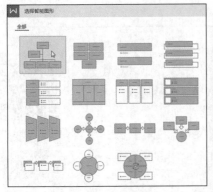

图 3-24 插入智能图形

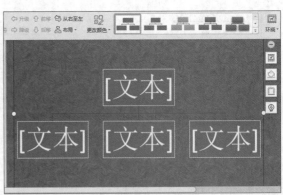

图 3-25 删除多余图形

图 3-26 添加形状并输入文本

图 3-27 添加下一级形状并输入文本

（9）更改图形布局。将第二等级中"生产部""销售部""财务部"形状下方的同等级别的形状改为"左悬挂"样式，如图3-28所示。

（10）设计图形样式。更改图形颜色，设置颜色为"彩色"栏中的第三种颜色，更改图形样式，选择"设计"选项卡"预设样式"列表中的第五种样式，如图3-29所示。

（11）保存文档。按"Ctrl+S"组合键保存文档（配套资源：效果\第3章\实验四\组织结构图.wps）。

图 3-28 更改图形布局

图 3-29 设置图形样式

（五）实验练习

制作"企业招聘流程图.wps"文档，在文档中绘制并设置梯形、圆角矩形、矩形和箭头，在梯形、圆角矩形、矩形中输入并设置文本，参考效果如图3-30所示，操作提示如下。

（1）新建"企业招聘流程图.wps"文档，在文档中输入标题，并设置表格字体格式、对齐方式。

（2）绘制一个梯形，在形状中输入相应的文本，并设置文本的字体格式，然后设置梯形的轮廓和填充色。

（3）在梯形右侧绘制直线箭头，并对直线箭头的轮廓进行设置。

（4）在箭头右侧绘制一个圆角矩形，在圆角矩形中输入文本，设置文本的字体格式。

（5）通过复制和粘贴形状完成整个流程图框架的制作。

（6）修改形状中的文本，完成流程图的制作（配套资源：效果\第3章\实验四\企业招聘流程图.wps）。

企业招聘流程图

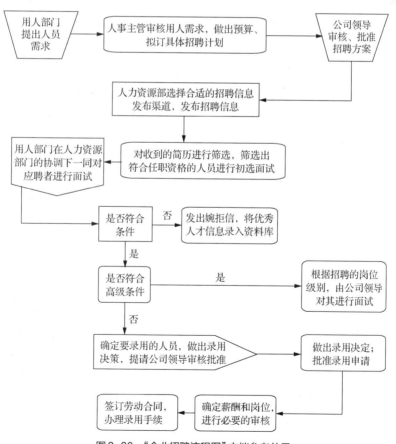

图3-30 "企业招聘流程图"文档参考效果

实验五 排版"毕业论文"文档

（一）实验学时

2学时。

（二）实验目的

◇ 掌握WPS文字中纸张大小、页面方向和页边距的设置方法。

◇ 掌握WPS文字中页眉、页脚的创建与编辑方法。

◇ 掌握WPS文字中页码的插入方法。

◇ 掌握WPS文字中页面背景的设置方法。

◇ 掌握WPS文字中分栏和分页的设置方法。

（三）相关知识

在对文档格式进行设置时，会发现需要做很多重复工作，如果在制作长文档时也像这样排版，将非常耗时。此时，可以通过文档页面布局来对整个文档进行设置，包括纸张大小、页面方向、页边距、页眉、页脚、页码、页面背景，以及分栏和分页等，快速对文档进行排版，提高工作效率。

1. 设置纸张大小、页面方向和页边距

默认的WPS文字页面大小为A4（20.9cm×29.6cm），页面方向为纵向，上、下、左、右页边距分别为2.54cm、2.54cm、3.18cm、3.18cm，在"页面布局"选项卡中单击相应的按钮可进行修改。

（1）单击"纸张大小"下拉按钮，在打开的下拉列表中选择一种页面大小的选项；或选择"其他页面大小"选项，在打开的"页面设置"对话框中设置文档的宽度和高度。

（2）单击"纸张方向"下拉按钮，在打开的下拉列表中选择"横向"选项，可将页面设置为横向。

（3）单击"页边距"下拉按钮，在打开的下拉列表中选择一种页边距的选项；或选择"自定义页边距"选项，在打开的"页面设置"对话框中设置上、下、左、右页边距的值。

2. 创建与编辑页眉

（1）创建页眉。在WPS文字中创建页眉的方法：在"插入"选项卡中单击"页眉页脚"按钮，或者双击页面顶端，打开"页眉页脚"选项卡，在该选项卡中单击"页眉"按钮，在打开的下拉列表中选择某种预设的页眉样式选项，然后在文档中按所选的页眉样式输入所需的内容即可。

（2）编辑页眉。若需要自行设置页眉的内容和格式，可在"页眉页脚"选项卡中单击"页眉"按钮，在打开的下拉列表中选择"编辑页眉"选项，此时将进入页眉编辑状态，利用"页眉页脚"选项卡的功能区便可对页眉内容进行编辑。

3. 创建与编辑页脚

页脚一般位于文档中每个页面的底部区域，也用于显示文档的附加信息，如日期、公司标识、文件名和作者名等，但最常见的是在页脚中显示页码。创建页脚的方法：在"页眉页脚"选项卡中单击"页脚"按钮，在打开的下拉列表中选择某种预设的页脚样式选项，然后在文档中按所选的页脚样式输入所需的内容即可，操作与创建页眉相似。

4. 插入页码

页码用于显示文档的页数，首页可根据实际情况不显示页码，在文档中插入页码的具体操作如下。

（1）在"插入"选项卡中单击"页码"按钮，在打开的下拉列表中选择"页码"选项，打开"页码"对话框。

（2）在"样式"下拉列表中可选择页码的样式，在"位置"下拉列表中可设置页码的对齐位置，在"页码编号"栏中可设置页码的起始位置。

（3）将光标定位到页眉或页脚处，单击页眉或页脚上的"插入页码"按钮，也可在打开的面板中设置页码格式。

5. 设置页面背景

在WPS文字中，页面背景可以是纯色背景、渐变色背景和图片背景。设置页面背景的方法：在"页面布局"选项卡中单击"背景"按钮，在打开的下拉列表中选择页面的背景颜色。选择"其他背景"选项，在打开的子列表中选择"渐变""纹理""图案"3种不同效果的其中之一后，将打开"填充效果"对话框，在其中可以对页面背景应用渐变、纹理、图案、图片等不同填充效果。

6. 设置分栏与分页

在WPS文字中，可将文档设置为多栏预览，还能通过分隔符进行分页。

（1）设置分栏。选择需要设置分栏的内容，在"页面布局"选项卡中单击"分栏"按钮，在打开的下拉列表中选择分栏的数目，或在打开的下拉列表中选择"更多分栏"选项，打开"分栏"对话框，在"预设"栏中选择预设的栏数，或在"栏数"数值框中输入具体的数值，在"宽度和间距"栏中设置栏之间的宽度与间距。

（2）设置分页。设置分页可通过分隔符实现，分隔符主要用于标识文字分隔的位置。设置分页的具体方法：将光标定位到需要设置分页的位置后，在"插入"选项卡中单击"分页"按钮，在打开的下拉列表中选择"分页符"选项即可。

（四）实验实施

毕业论文是学校对各专业学生集中进行科学研究训练而要求学生在毕业前撰写的论文。教育部与各大院校对毕业论文的质量有严格要求，包括内容的学术水平、准确性以及文档排版的规范性。学生在写好毕业论文后，有必要对其进行编排。在对"毕业论文"文档进行排版时，需要综合运用本章所学知识，让文档更加美观、规范，具体操作如下。

（1）加粗文本。启动WPS Office 2019，打开"毕业论文.wps"素材文

微课：排版"毕业论文"文档的具体操作

档（配套资源：素材\第3章\实验五\毕业论文.wps），选择文本"毕业论文"，设置字体格式为"黑体、小初、居中对齐"，然后单击"加粗"按钮。使用相同的操作方法，设置标题文本"降低企业成本途径分析"的字体格式为"黑体、三号、居中"，效果如图3-31所示。

（2）将光标定位至文本"提纲"的前面，在"页面布局"选项卡中单击"分隔符"按钮，在打开的下拉列表中选择"分页符"选项，如图3-32所示。

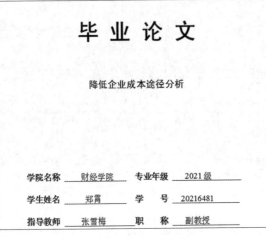

图3-31　设置字体格式

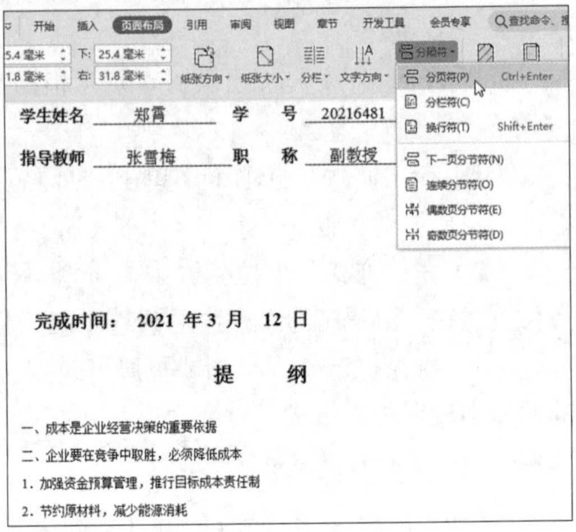

图3-32　分页显示文档

（3）选择"摘要"文本，在"开始"选项卡中的"样式"列表中选择"标题1"选项，并居中对齐，如图3-33所示。

（4）使用相同的方法为"降低企业成本途径分析"文本应用"标题2"样式；为"一、加强资金预算管理""二、节约原材料，减少能源消耗""三、强化质量意识，推行全面质量管理工作""四、合理使用机器设备，提高生产设备使用率""五、实行多劳多得、奖惩分明的劳动制度"文本应用"标题4"样式，如图3-34所示。

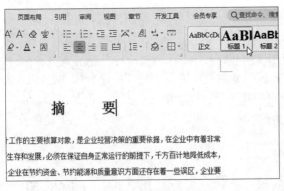

图3-33　设置"标题2"样式

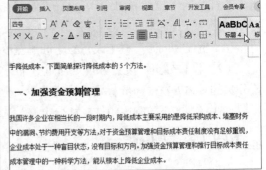

图3-34　应用"标题4"样式

（5）在"提纲"页的末尾定位文本插入点，在"页面布局"选项卡中单击"分隔符"按钮，在打开的下拉列表中选择"分页符"选项，插入分页符并创建新的空白页。在新页面上单击鼠标左键，定位文本插入点，然后在"引用"选项卡中单击"目录"按钮，在打开的下拉列表中选择第3个选项，如图3-35所示。打开"提示"对话框，在其中单击"是"按钮。

（6）设置"目录"文本的字体格式为"宋体、小二、加粗"，效果如图3-36所示。

图3-35　插入目录　　　　　　　　　　　　　图3-36　设置"目录"文本的字体格式

（7）在"插入"选项卡中单击"页眉页脚"按钮，激活"页眉页脚"选项卡，在页眉区中输入"毕业论文"文本，并设置文本格式为"黑体、小四"，如图3-37所示。

（8）将光标定位到页脚位置，单击"插入页码"按钮，在打开的面板中选择"居中"选项，样式为第6种，然后单击"确定"按钮，如图3-38所示。

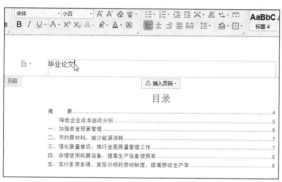

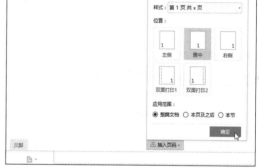

图3-37　设置页眉　　　　　　　　　　　　　图3-38　插入页码

（9）在"页眉页脚"选项卡中单击"关闭"按钮，退出页眉和页脚的编辑状态，然后单击状态栏中的"阅读版式"按钮，进入阅读视图模式，查看编辑的文档是否有误，确认无误后按"Ctrl+S"组合键保存文档（配套资源：效果\第3章\实验五\毕业论文.wps）。

（五）实验练习

员工培训计划方案是企业为培训员工而专门设计的企划文书，有利于培训工作的顺利开展，是企业在正式开展员工培训前都必须制订的计划方案。本练习将编排"员工培训计划方案.wps"文档，部分参考效果如图3-39所示，操作提示如下。

（1）打开"员工培训计划方案.wps"文档（配套资源：素材\第3章\实验五\员工培训计划方案.wps），将纸张大小的宽度调整为"22cm"，高度调整为"30cm"。

（2）为标题应用"标题"内置样式，为部分正文段落应用"列表段落"内置样式。

（3）新建"一级标题""二级标题""编号"样式，主要对样式的字体格式、段落格式、编号和边框进行设置，然后将新建的样式分别应用到相应的段落中。

（4）在"2021年员工培训计划方案"标题文本后插入一个分页符，在标题文本下方插入目录，目录样式为第2种。

（5）为奇数页和偶数页插入不同的页眉和页脚样式，并对页眉和页脚效果进行编辑，完成后保存文件（配套资源：效果\第3章\实验五\员工培训计划方案.wps）。

图3-39 "员工培训计划方案"文档部分参考效果

实验六 批量制作"邀请函"文档

（一）实验学时

2学时。

（二）实验目的

◇ 掌握WPS文字中邮件合并的方法。
◇ 掌握WPS文字中批量创建文档的方法。

（三）相关知识

在日常工作中，有时候需要制作文档数量较大，但文档的主要内容基本相同，只有一些具体数据有变化的文档，比如，信封上的寄信人地址和邮政编码、信函中的内容等都是固定不变的，而收信人的信息（地址、邮编、姓名等）则各有不同。此时就需要应用邮件合并功能。邮件合并是WPS文字的一个强大的数据管理功能，适用于需要大量处理统一格式文档的场景，比如邀请函、工资条、工牌等。

在WPS文字中，邮件合并的操作逻辑是：将数据记录链接到主文档的指定位置，实现变量部分的自动、批量插入，并最终合并成一个新的文档。由此可见，邮件合并过程中涉及两个文档，分别是主文档和数据源。

（1）主文档。主文档指所有文件共有的内容，即统一格式的文档，比如未填写的信封、邀请函。

（2）数据源。数据源通常指记录变量信息的表格，一般为".et"格式。

（四）实验实施

下面将通过邮件合并来批量制作邀请函，具体操作如下。

（1）打开主文档"邀请函.wps"（配套资源：素材\第3章\实验六\邀请函.wps），在"引用"选项卡中单击"邮件"按钮。在"邮件合并"选项卡中单击"打开数据源"按钮，打开"选取数据源"对话框，选择"客户数据表.et"（配套资源：素材\第3章\实验六\客户数据表.et）选项，单击"打开"按钮。

微课：批量制作"邀请函"的具体操作

（2）打开"选择表格"对话框，选择工作簿中需要使用的表格，这里选择"Sheet1\$"表格，单击"确定"按钮，如图3-40所示。

（3）选择需要应用邮件合并功能的文本，这里选择"×××"，在"邮件合并"选项卡中单击"插入合并域"按钮，打开"插入域"对话框，将"域"列表中的"姓名""称谓"选项依次插入文档，完成后单击"关闭"按钮，如图3-41所示。

图3-40 "选择表格"对话框

图3-41 插入合并域

（4）在"邮件合并"选项卡中单击"合并到新文档"按钮，打开"合并到新文档"对话框，单击选中"全部"单选按钮，单击"确定"按钮，如图3-42所示。

（5）此时将生成"文字文稿1"新文档，该文档中包含了所有人员的邀请信息，如图3-43所示。将该文档另存为"邀请函.wps"，完成邀请函的批量制作（配套资源：效果\第3章\实验六\邀请函.wps）。

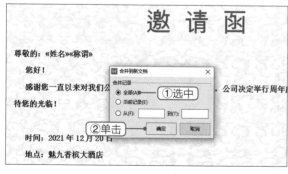

图3-42 合并到新文档

图3-43 完成后的效果

（五）实验练习

制作信封，参考效果如图3-44所示，操作提示如下。

（1）打开主文档"信封.wps"（配套资源：素材\第3章\实验六\信封.wps），选择现有列表收件人。

（2）打开数据源文档"数据表.et"（配套资源：素材\第3章\实验六\数据表.et），选择数据源。

（3）在主文档中分别插入合并域"姓名""称谓""地址"。

（4）执行邮件合并，在文档中编辑单个文档，根据数据源中的数据批量创建文档，保存文件（配套资源：效果\第3章\实验六\信封.wps）。

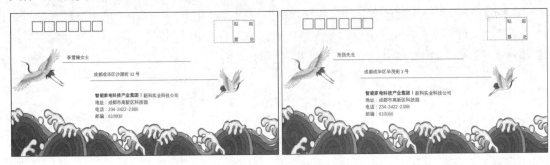

图3-44　信封效果

第4章
WPS表格办公软件

配套教材的第5章主要讲解了使用WPS表格办公软件制作电子表格的操作方法。本章将介绍工作表的新建与编辑、公式与函数的使用、表格数据的管理和使用图表分析表格数据等知识。通过对本章的学习，学生能够掌握WPS表格办公软件的使用方法，并能够利用WPS表格办公软件简单地编辑表格和计算表格数据。

实验一　新建并编辑"采购申请表"表格

（一）实验学时

2学时。

（二）实验目的

◇ 掌握WPS表格中工作簿、工作表和单元格的基本操作。
◇ 掌握WPS表格中数据输入与编辑的方法。

（三）相关知识

1. 认识工作簿、工作表和单元格

（1）工作簿。工作簿即WPS表格文件，用来存储和处理数据，也被称为电子表格。默认情况下，新建的工作簿以"工作簿1"命名，若继续新建工作簿，则以"工作簿2""工作簿3"等命名，工作簿的名称将显示在标题栏的文档名处。

（2）工作表。工作表是用来显示和分析数据的，工作表存储在工作簿中。默认情况下，一个工作簿中只包含一张工作表，且该工作表以"Sheet1"命名，若继续新建工作表，则以"Sheet2""Sheet3"等命名，工作表的名称将显示在"工作表标签"栏中。

（3）单元格。单元格是WPS表格中最基本的存储数据单元，可通过对应的行号和列标命名和引用单元格。单个单元格地址可表示为"列标+行号"，多个连续的单元格称为单元格区域，单元格区域内的地址可表示为"单元格:单元格"，如A2单元格与C5单元格之间的单元格区域可表示为A2:C5单元格区域。

2. 工作簿的基本操作

工作簿的基本操作包括新建工作簿、保存工作簿、打开工作簿、关闭工作簿、加密保护工作簿和切换工作簿视图等，下面进行详细介绍。

（1）新建工作簿。新建工作簿的方法与新建WPS文档的方法类似，常用的方法主要有3种。启动WPS Office 2019，在工作界面中单击功能列表区中的"新建"按钮，选择"表格"选项卡，单击"新建空白文档"按钮，新建一个名为"工作簿1"的空白工作簿。用户也可以在桌面或文件夹中单击鼠标右键，通过弹出的快捷菜单新建工作簿。

（2）保存工作簿。在WPS表格中保存工作簿的方法可分为直接保存和另存两种。

（3）打开工作簿。选择"文件"→"打开"命令或按"Ctrl+O"组合键打开工作簿，也可通过双击已创建的工作簿打开。

（4）关闭工作簿。在"标题"选项卡中单击"关闭"按钮，可关闭工作簿但不退出WPS Office；单击WPS表格工作界面右上角的"关闭"按钮，或按"Alt+F4"组合键，可关闭工作簿并退出WPS Office。

（5）加密保护工作簿。加密保护工作簿主要通过选择"文件"→"文档加密"→"密码加密"命令来实现。

（6）切换工作簿视图。在WPS表格中，用户可根据需要在状态栏中单击视图按钮组中的按钮，或在"视图"选项卡中单击相应按钮，来切换工作簿视图。

3. 工作表的基本操作

工作表是用于显示和分析数据的工作场所。工作表是表格内容的载体，熟练掌握工作表的各项操作可以轻松输入、编辑和管理数据。下面介绍工作表的一些基本操作。

（1）选择工作表。选择工作表包括选择一张工作表、选择连续的多张工作表、选择不连续的多张工作表和选择所有工作表等操作。

（2）重命名工作表。双击工作表标签，或单击鼠标右键，在弹出的快捷菜单中选择"重命名"命令，可以实现重命名工作表。

（3）新建与删除工作表。新建工作表的方法主要有3种，包括使用"新建工作表"按钮、使用组合键和使用鼠标右键。删除工作表时，可在工作表标签上单击鼠标右键，在弹出的快捷菜单中选择"删除"命令。如果工作表中有数据，删除工作表时将打开提示对话框，可单击"删除"按钮确认删除。

（4）在同一工作簿中移动或复制工作表。需要重复使用工作表时，就需要移动或复制工作表。在需要移动的工作表标签上按住鼠标左键不放，将工作表拖到目标位置；如果要复制工作表，则在拖曳的同时按住"Ctrl"键。

（5）在不同工作簿中移动或复制工作表。在不同工作簿中移动或复制工作表主要通过"移动或复制工作表"对话框来实现。

（6）设置工作表标签的颜色。在工作表标签上单击鼠标右键，在弹出的快捷菜单中选择"工作表标签颜色"命令，在打开的子列表的"主题颜色"栏中选择颜色选项以设置工作表标签的颜色。

（7）保护工作表。保护工作表主要通过"开始"选项卡中的"工作表"按钮来实现。

（8）隐藏工作表。在工作表标签上单击鼠标右键，在弹出的快捷菜单中选择"隐藏工作表"命令，或者在"开始"功能选项卡中单击"工作表"按钮，在打开的列表中选择"隐藏工作表"命令，即可隐藏工作表。

4. 单元格的基本操作

单元格的基本操作包括选择单元格、插入与删除单元格、合并与拆分单元格、调整行高和列宽等，下面进行详细介绍。

（1）选择单元格。单击单元格，或在名称框中输入单元格的行号和列号后按"Enter"键，即可选择所需的单元格。

（2）插入与删除单元格。插入单元格：选择单元格，在"开始"选项卡中单击"行和列"按钮，在打开的下拉列表中选择"插入单元格"选项，再在打开的子列表中选择"插入行"或"插入列"选项，即可插入整行或整列单元格；在"开始"选项卡中单击"行和列"按钮，在打开的下拉列表中选择"插入单元格"选项，再在打开的子列表中选择"插入单元格"选项，打开"插入"对话框，在该对话框中进行设置之后，单击"确定"按钮即可。删除单元格：选择要删除的单元格，在"开始"选项卡中单击"行和列"按钮，在打开的下拉列表中选择"删除单元格"选项，再在打开的子列表中选择"删除行"或"删除列"选项，即可删除整行或整列单元格；选择要删除的单元格，在"开始"选项卡中单击"行和列"按钮，在打开的下拉列表中选择"删除单元格"选项，再在打开的子列表中选择"删除单元格"选项，打开"删除"对话框，单击选中对应单选按钮后，单击"确定"按钮即可。

（3）合并与拆分单元格。在实际编辑表格的过程中，通常需要合并与拆分单元格或单元格区域。合并单元格：在"开始"选项卡中单击"合并居中"按钮，即可合并单元格，并使其中的内容居中显示。除此之外，单击按钮下方的下拉按钮，还可在打开的下拉列表中选择"合并单元格""合并相同单元格""合并内容"等选项。拆分单元格：在拆分时先选择合并后的单元格，然后单击"合并居中"按钮，或单击鼠标右键，在打开的快捷菜单中选择"设置单元格格式"选项，打开"单元格格式"对话框，在"对齐"选项卡中的"文本控制"栏中取消选中"合并单元格"复选框，然后单击"确定"按钮。

（4）调整行高和列宽。工作簿中的默认单元格大小有限，如果单元格中内容过多，该单元格中的内容将不能完全显示，此时可以调整单元格的行高和列宽。调整行高和列宽的方法主要有以下两种：一是通过拖曳边框线调整，将鼠标指针移至单元格的行号或列标之间的分隔线上，按住鼠标左键不放，此时将出现一条灰色的实线，将其拖曳到适当位置后释放鼠标左键，即可调整单元格的行高或列宽；二是通过"开始"选项卡调整，在"开始"选项卡中单击"行和列"按钮，在打开的下拉列表中选择"行高"选项或"列宽"选项，在打开的"行高"对话框或"列宽"对话框中输入行高值或列宽值，单击"确定"按钮。

5. 数据的输入与填充

输入数据是制作表格的基础，WPS表格支持输入各种类型的数据，包括文本和数字等一般数据，以及身份证、小数和货币等特殊数据。对于编号等有规律的数据序列，还可快速填充数据。

（1）输入普通数据。在WPS表格中输入普通数据主要有选择单元格输入、在单元格中输入和在编辑栏中输入3种方式。

（2）快速填充数据。在WPS表格中输入数据时，若数据多处相同或是有规律的数据序列，则可以快速填充数据来提高工作效率。快速填充数据主要有通过"序列"对话框填充数据、使用控制柄填充数据两种方式。

6. 数据的编辑

在编辑表格的过程中，可以对已有的数据进行修改和删除、移动和复制、查找和替换、使用记录单批量修改、设置数据有效性等编辑操作。

（1）修改和删除数据。在WPS表格中修改和删除数据主要有在单元格中修改或删除、选择单元格修改或删除和在编辑栏中修改或删除3种方法。

（2）移动和复制数据。在WPS表格中移动和复制数据主要有通过按钮移动和复制数据、通过右键快捷菜单移动和复制数据、通过组合键移动和复制数据3种方法。

（3）查找和替换数据。当表格中的数据量很大时，直接查找数据就比较困难，此时可通过WPS表格提供的查找和替换功能来快速查找符合条件的数据，还能快速对这些数据进行统一替换，提高编辑效率。

（4）使用记录单批量修改数据。如果数据量大，可在"记录单"对话框中批量编辑数据。

（5）设置数据有效性。通过设置数据有效性，可从内容到范围限制单元格或单元格区域输入的数据。允许输入符合条件的数据；禁止输入不符合条件的数据，以防止输入无效数据。

7. 设置数据类型

WPS表格中的数据类型包括"常规""数值""货币""会计专用""日期""时间""百分比"等类型，用户可根据需要设置所需的数据类型。具体设置方法：选择需要设置数据类型的单元格区域，在"开始"选项卡中的"单元格"下拉列表中选择"设置单元格格式"选项，或者在要设置的单元格上单击鼠标右键，在弹出的快捷菜单中选择"设置单元格格式"命令，打开"单元格格式"对话框，在"数字"选项卡的"分类"列表中修改单元格的数据类型。

（四）实验实施

新建并编辑"采购申请表"表格主要涉及WPS表格中的一些基本操作，掌握好这些操作有助于大家制作出更加专业和精美的表格。下面新建并编辑"采购申请表"表格，具体操作如下。

（1）新建并保存工作簿。启动WPS Office 2019，新建"工作簿1"工作簿，将其保存为"采购申请表.et"。

（2）设置密码保护工作簿。在"审阅"选项卡中单击"保护工作簿"按钮，设置密码为"123456"。

（3）撤销工作簿的密码保护。在"审阅"选项卡中单击"撤销工作簿保护"按钮，取消工作簿的密码保护。

（4）添加与删除工作表。单击"新建工作表"按钮新建一个工作表，然后单击鼠标右键，在弹出的快捷菜单中选择"删除工作表"命令，将新建的工作表删除。

微课：新建并编辑"采购申请表"表格的具体操作

（5）在同一工作簿中复制工作表。在工作表标签上单击鼠标右键，在弹出的快捷菜单中选择“复制工作表”命令，复制“Sheet1”工作表。

（6）在不同的工作簿中移动或复制工作表。打开“素材.et”工作簿（配套资源：素材\第4章\实验一\素材.et），将“Sheet1”工作表复制到“采购申请表.et”工作簿中。

（7）快速填充数据。为A4:A13单元格区域快速填充数据，起始数据为“1”。

（8）输入单元格数据。打开“商品申请明细.txt”文件（配套资源：素材\第4章\实验一\商品申请明细.txt），在H4:H8单元格区域中输入其他数据，效果如图4-1所示。

（9）重命名工作表。双击复制到“采购申请表.et”工作簿中的“Sheet1”工作表标签，重命名为“申请人-戴伟”。

（10）设置工作表标签颜色。单击鼠标右键，在弹出的快捷菜单中设置“申请人-戴伟”工作表标签为“巧克力黄，着色2”，设置“Sheet1”工作表标签为标准色中的“浅蓝”。

（11）隐藏与显示工作表。在工作表标签上单击鼠标右键，在弹出的快捷菜单中选择“隐藏工作表”命令，隐藏“Sheet1”工作表，然后取消隐藏“Sheet1”工作表。

（12）删除单元格。选择A9:I13单元格区域，在“开始”选项卡中单击“行和列”按钮，在打开的下拉列表中选择“删除单元格”选项，再在打开的子列表中选择“删除单元格”选项，如图4-2所示。打开“删除”对话框，单击选中“下方单元格上移”单选按钮后，单击“确定”按钮即可删除所选单元格。

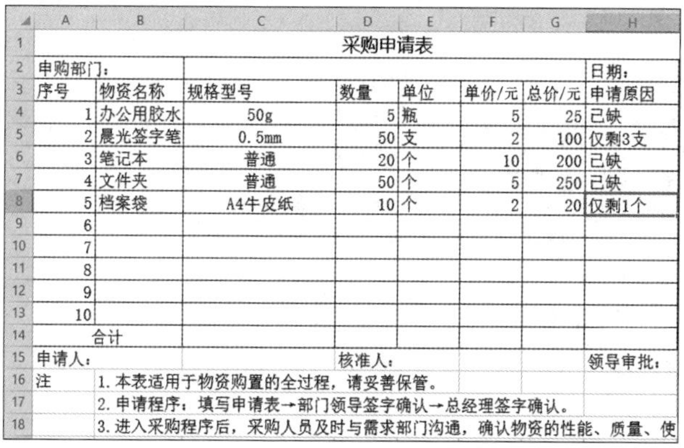

	A	B	C	D	E	F	G	H
1	采购申请表							
2	申购部门：							日期：
3	序号	物资名称	规格型号	数量	单位	单价/元	总价/元	申请原因
4	1	办公用胶水	50g	5	瓶	5	25	已缺
5	2	晨光签字笔	0.5mm	50	支	2	100	仅剩3支
6	3	笔记本	普通	20	个	10	200	已缺
7	4	文件夹	普通	50	个	5	250	已缺
8	5	档案袋	A4牛皮纸	10	个	2	20	仅剩1个
9	6							
10	7							
11	8							
12	9							
13	10							
14	合计							
15	申请人：			核准人：				领导审批：
16	注	1. 本表适用于物资购置的全过程，请妥善保管。						
17		2. 申请程序：填写申请表→部门领导签字确认→总经理签字确认。						
18		3. 进入采购程序后，采购人员及时与需求部门沟通，确认物资的性能、质量、使						

图4-1　输入单元格数据

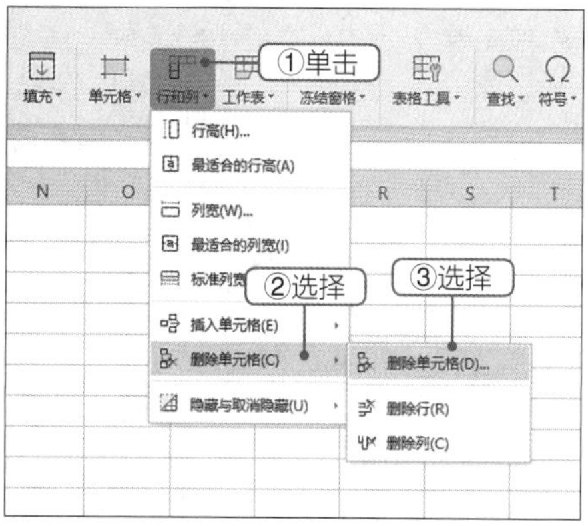

图4-2　删除单元格

（13）合并单元格。将H2:I2单元格区域设置为合并居中，然后使用格式刷为H2:I2单元格区域下方的单元格区域应用相同的格式，如图4-3所示。使用相同的方法设置将A9:I9单元格区域设置为合并居中。

（14）设置单元格的行高和列宽。通过“行高”对话框设置A2:H9单元格区域的行高为25磅，通过“列宽”对话框设置B列的列宽为15字符。

（15）设置文本对齐。选择A3:H8单元格区域，设置文本水平居中；设置H2和A9单元格内的文本左对齐。

（16）设置数据有效性。选择F4:F8单元格区域，通过“数据有效性”对话框设置有效性规则为仅允许整数输入，数据为10～1 000，出错警告的样式为“停止”，标题为“只能输入10～1 000的整数”，设置界面如图4-4所示。

图4-3　合并单元格　　　　　　　　　　图4-4　设置数据有效性

（17）更改数据类型。选择F4:F8单元格区域，设置单元格数据类型为"货币"，完成后保存文件（配套资源：效果\第4章\实验一\采购申请表.et）。

（五）实验练习

1. 制作"产品价格清单"工作簿

在"产品价格清单.et"工作簿中复制并重命名工作表，然后进行输入数据、复制数据、填充数据等操作，并设置数据类型，再利用查找和替换功能修改数据，参考效果如图4-5所示，操作提示如下。

序号	货号	产品名称	净含量	包装规格	单价/元	等级	生产日期	备注
				产品价格清单				
1	BS001	保湿洁面乳	105g	48支/箱	78	优等	2021年6月7日	
2	BS002	保湿紧肤水	110mL	48瓶/箱	88	优等	2021年7月3日	
3	BS003	保湿乳液	110mL	48瓶/箱	78	优等	2021年6月20日	
4	BS004	保湿霜	35g	48瓶/箱	105	优等	2021年6月15日	
5	MB009	美白活性营养滋润霜	35g	48瓶/箱	125	优等	2021年6月25日	
6	MB010	美白精华露	30mL	48瓶/箱	128	优等	2021年7月7日	
7	RF015	柔肤再生青春眼膜	2片装	1152袋/箱	10	优等	2021年6月7日	
8	RF016	柔肤祛皱眼霜	35g	48支/箱	135	优等	2021年7月5日	
9	RF017	柔肤黑眼圈防护霜	35g	48支/箱	138	中等	2021年6月27日	
10	RF018	柔肤焕采面贴膜	1片装	288片/箱	20	优等	2021年6月14日	

图4-5　"产品价格清单"工作簿参考效果

（1）新建工作簿，更改"Sheet1"工作表名称为"2021年8月"。

（2）在A1单元格中输入"产品价格清单"文本，文本格式为"等线、18、加粗"，并将A1:I1单元格区域合并居中。

（3）在A2单元格中输入"序号"文本；在B2单元格中输入"货号"文本；在C2单元格中输入"产品名称"文本；在D2单元格中输入"净含量"文本；在E2单元格中输入"包装规格"文本；在F2单元格中输入"单价（元）"文本；在G2单元格中输入"等级"文本；在H2单元格中输入"生产日期"文本；在I2单元格中输入"备注"文本。

（4）打开素材文件"产品目录.et"（配套资源：素材\第4章\实验一\产品目录.et），分别将"BS系列"工作表、"MB系列"工作表和"RF系列"工作表的内容复制到"产品价格清单.et”工作簿中相应位置。

（5）为A3:A12单元格区域快速填充数据，起始数据为“1”。使用相同的方法为G3:G12单元格区域快速输入“优等”文本，将G11单元格中的“优等”修改为“中等”，并设置所有文本垂直居中对齐。

（6）通过“查找和选择”按钮将数据“68”替换为“78”。

（7）通过“单元格格式”对话框为H3:H12单元格区域输入生产日期数据，“日期”类型为“2001年3月7日”（配套资源：效果\第4章\实验一\产品价格清单.et）。

2. 编辑“产品价格表”工作簿

根据已有的素材编辑表格，参考效果如图4-6所示，操作提示如下。

	A	B	C	D	E
1	产品价格表				
2	货号	产品名称	净含量	产品规格	价格 / 元
3	XY001	洁面乳	105g	48支/箱	¥65.00
4	XY002	爽肤水	110mL	48瓶/箱	¥185.00
5	XY003	保湿乳液	110mL	48瓶/箱	¥298.00
6	XY004	保湿霜	35g	48瓶/箱	¥268.00
7	XY005	眼部修护素	30mL	48瓶/箱	¥398.00
8	XY006	深层洁面膏	105g	48支/箱	¥128.00
9	XY007	活性按摩膏	105g	48支/箱	¥98.00
10	XY008	水分面膜	1片装	88片/箱	¥168.00
11	XY009	活性营养滋润霜	35g	48瓶/箱	¥228.00
12	XY010	保湿精华露	30mL	48瓶/箱	¥63.00
13	XY011	去黑头面膜	1片装	88片/箱	¥98.00
14	XY012	深层去角质霜	105mL	48支/箱	¥299.00
15	XY013	亲肤面膜	1片装	88片/箱	¥68.00
16	XY014	晶莹眼膜	25mL	72支/箱	¥199.00
17	XY015	再生青春眼膜	5片装	1280袋/箱	¥10.00
18	XY016	祛皱精华液	100mL	48支/箱	¥256.00
19	XY017	黑眼圈防护霜	35g	48支/箱	¥399.00
20	XY018	焕采面贴膜	1片装	288片/箱	¥68.00

图4-6 “产品价格表”工作簿参考效果

（1）打开“产品价格表.et”工作簿（配套资源：素材\第4章\实验一\产品价格表.et），单击“开始”选项卡中的“合并居中”按钮，合并居中表格中的标题栏，将字号增大为“14”，并加粗。

（2）通过拖曳鼠标指针调整列宽，然后打开“行高”对话框，设置A2:E20单元格区域的行高为“20”。

（3）修改单元格数据。将B4单元格中的“紧肤水”修改为“爽肤水”，将C17单元格中数据修改为“5片装”。

（4）设置表格中文本的字体为“思源黑体”，并水平居中对齐。

（5）快速填充单元格数据。为A3:A20单元格区域快速填充递增的数据，起始数据为“XY001”。

（6）删除“Sheet3”工作表，并重命名“Sheet2”工作表为“2021年10月20日”，然后利用右键快捷菜单，设置工作表标签颜色为“橙色”。

（7）为工作表中的单元格添加所有框线。

（8）设置E3:E20单元格区域中的数据类型为“货币”，并加密保护工作簿，设置保护密码为“123”（配套资源：效果\第4章\实验一\产品价格表.et）。

实验二　美化"费用支出明细表"表格

（一）实验学时

2学时。

（二）实验目的

◇ 掌握单元格格式和条件格式的设置方法。
◇ 掌握表格样式的套用方法。
◇ 掌握单元格样式的应用方法。
◇ 掌握表格背景的设置方法。

（三）相关知识

1. 设置单元格格式

在表格中输入数据后，还需要对单元格格式进行设置，包括字体格式、对齐方式以及边框和底纹等，使表格中的数据更加便于查看。设置单元格格式主要通过"单元格格式"对话框来实现。

2. 设置条件格式

通过设置条件格式，可以将不满足或满足条件的单元格突出显示出来，使其更加醒目直观。具体操作方法：选择包含数据的单元格区域，在"开始"选项卡中单击"条件格式"按钮，在打开的下拉列表中选择不同的条件格式。

3. 套用表格样式

WPS表格中预设了大量的表格样式，用户可以直接套用。具体操作方法：在工作表中选择需要套用表格样式的单元格区域，单击"开始"选项卡中的"表格样式"按钮，在打开的下拉列表中选择需要的样式选项，打开"套用表格样式"对话框，在"表数据的来源"文本框中显示了已选择的单元格区域，确认无误后，单击"确定"按钮即可。

4. 应用单元格样式

利用WPS表格的单元格样式功能可以快速设置表格的单元格样式。具体操作方法：在工作表中选择需要应用样式的单元格，单击"开始"选项卡中的"单元格样式"按钮，在打开的下拉列表中选择相应选项即可。

5. 设置表格背景

默认情况下，WPS表格中的数据呈白底黑字显示。为使工作表更美观，除了为其填充颜色，用户还可插入自己喜欢的图片作为背景。具体操作方法：在"页面布局"选项卡中单击"背景图片"按钮，打开"工作表背景"对话框，在该对话框中选择背景图片的保存路径，再选择作为背景的图片，然后单击"打开"按钮即可。

（四）实验实施

下面将对"费用支出明细表"表格进行美化，包括合并单元格、调整行高和列宽、设置颜色填充、设置边框、设置条件格式、套用表格样式和应用单元格样式等操作，具体操作如下。

微课：美化"费用支出明细表"表格的具体操作

（1）打开"费用支出明细表.et"工作簿（配套资源：素材\第4章\实验二\费用支出明细表.et），选择A1:G1单元格区域，将所选的单元格区域合并居中显示，设置其字体为"方正兰亭黑简体"，字号为"12号"，设置行高为"25"，效果如图4-7所示。选择A2:G26单元格区域，设置列宽为"13"，行高为"15"。

（2）选择A2:G2单元格区域，单击鼠标右键，在弹出的快捷菜单中选择"设置单元格格式"命令，打开"单元格格式"对话框，在"图案"选项卡中设置填充颜色为"蓝色"；在"字体"选项卡中设置字体颜色为"白色"，单击"确定"按钮，如图4-8所示。

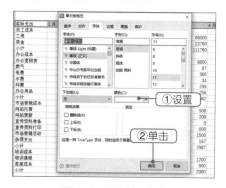

图4-7 设置字体格式和行高　　　　　　　图4-8 设置单元格格式1

（3）选择A2:G26单元格区域，打开"单元格格式"对话框，在"边框"选项卡的"样式"列表中选择最后一个选项，在"预置"栏中单击"外边框"按钮；继续在"样式"列表中选择倒数第二个选项，在"预置"栏中单击"内部"按钮，完成后单击"确定"按钮，如图4-9所示。

（4）选择B26:G26单元格区域，在"开始"选项卡中单击"条件格式"按钮，在打开的下拉列表中选择"突出显示单元格规则"→"大于"选项，如图4-10所示。

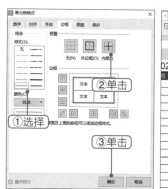

图4-9 设置单元格格式2

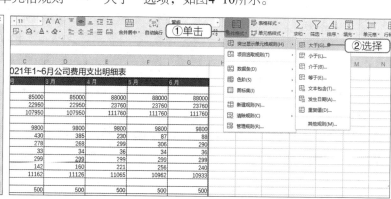

图4-10 设置条件格式

（5）打开"大于"对话框，在左侧文本框中输入"4150"，在"设置为"下拉列表中选择"浅红填充色深红色文本"选项，设置突出显示的颜色，然后单击"确定"按钮，如图4-11所示。设置完成后，即可看到满足条件的数据被突出显示的效果。

（6）选择B14:G14单元格区域，在"开始"选项卡中单击"条件格式"按钮，在打开的下拉列表中选择"数据条"→"渐变填充"选项，在其中选择"红色数据条"样式，如图4-12所示。

图4-11 设置显示效果

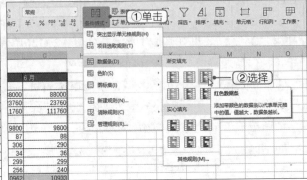

图4-12 设置"数据条"条件格式

（7）选择合并后的A1单元格，在"开始"选项卡中单击"单元格样式"按钮，在"标题"列表中选择"标题1"选项，如图4-13所示。

（8）选择B6:G6单元格区域，在"开始"选项卡中单击"单元格样式"按钮，在"主题单元格样式"列表中选择"强调文字颜色1"选项，使用相同的方法为B22:G22单元格区域设置"强调文字颜色4"的主题单元格样式，完成后保存文件，效果如图4-14所示（配套资源：效果\第4章\实验二\费用支出明细表.et）。

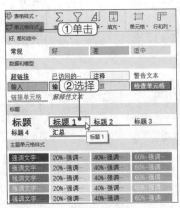

图4-13 设置标题的单元格样式

2021年1-6月公司费用支出明细表						
实际支出	1月	2月	3月	4月	5月	6月
员工成本						
工资	85000	85000	85000	88000	88000	88000
奖金	22950	22950	22950	23760	23760	23760
小计	107950	107950	107950	111760	111760	111760
办公成本						
办公室租赁	9800	9800	9800	9800	9800	9800
燃气	94	430	385	230	87	88
电费	288	278	268	299	306	290
水费	35	33	34	36	34	36
网费	299	299	299	299	299	299
办公用品	256	142	160	221	256	240
小计	10952	11162	11126	11065	10962	10933
市场营销成本						
网站托管	500	500	500	500	500	500
网站更新	200	200	200	200	200	1500
宣传资料准备	4800	0	0	5500	0	0
宣传资料印刷	100	500	100	100	600	180
市场营销活动	1800	2200	2200	4700	1500	2300
杂项支出	145	156	123	223	187	245
小计	7545	3556	3123	11223	2987	4725
培训成本						
培训课程	1600	2400	1400	1600	1200	2800
差旅成本	1200	2200	1400	1200	800	3500
小计	2800	4600	2800	2800	2000	6300

图4-14 完成后的效果

（五）实验练习

本练习将对"日销售记录表"工作表进行美化，参考效果如图4-15所示，操作提示如下。

	A	B	C	D	E	F	G
1	产品编号	日期	销售店	产品名称	单位	单价	销售量
2	XJ-101	2021/3/21	来龙店	照相机	台	￥16,000.00	5
3	SJ-807	2021/3/21	来龙店	手机	台	￥4,800.00	4
4	BP-909	2021/3/21	来龙店	笔记本	台	￥7,900.00	3
5	TN-01	2021/3/21	来龙店	手机	台	￥3,200.00	5
6	B-101	2021/3/21	来龙店	笔记本	台	￥9,990.00	5
7	SJ-01	2021/3/21	来龙店	手机	台	￥1,900.00	5
8	DY-401	2021/3/21	光华店	打印机	台	￥3,660.00	4
9	SJ-801	2021/3/21	光华店	手机	台	￥3,800.00	3
10	XJ-401	2021/3/21	光华店	照相机	台	￥6,400.00	4
11	T-907	2021/3/21	光华店	手机	台	￥4,800.00	4
12	CJ-201	2021/3/21	光华店	照相机	台	￥8,600.00	2
13	SJ-08	2021/3/21	光华店	手机	台	￥3,500.00	2
14	XJ-01	2021/3/21	光华店	照相机	台	￥10,500.00	2
15	SJ-801	2021/3/21	光华店	手机	台	￥2,100.00	4
16	BP-007	2021/3/21	金沙店	笔记本	台	￥9,990.00	5
17	SY-01	2021/3/21	金沙店	扫描仪	台	￥1,900.00	6
18	J-01	2021/3/21	金沙店	打印机	台	￥7,600.00	5
19	XJ-01	2021/3/21	金沙店	照相机	台	￥24,000.00	4

图4-15 "日销售记录表"工作表参考效果

（1）打开"费用支出明细表.et"表格（配套资源：素材\第4章\实验二\日销售记录表.et），选择A1:F19单元格区域，设置"表样式浅色6"的表格样式。

（2）为A1:G1单元格区域设置蓝色的渐变填充效果。

（3）为G2:G19单元格区域设置渐变填充的蓝色数据条格式。

（4）选择A2:A19单元格区域并设置"标题3"的单元格样式。

（5）为A1:G19单元格区域添加外边框为"双线"、内边框为"单线"的边框。

（6）设置表格内所有文本水平居中对齐，并拖曳鼠标指针适当调整列宽，保存文件（配套资源：效果\第4章\实验二\日销售记录表.et）。

实验三 计算"员工工资表"表格

（一）实验学时

2学时。

（二）实验目的

◇ 熟悉公式的使用方法。

◇ 掌握单元格的引用方法。

◇ 掌握函数的使用方法。

◇ 掌握快速计算与自动求和的方法。

（三）相关知识

1. 公式的使用

利用WPS表格中的公式可以快速完成各种计算。在实际计算数据的过程中，除了需要输入和修改公式，通常还需要填充、复制和移动公式。

（1）输入公式。输入公式时，选择要输入公式的单元格，在单元格或编辑栏中输入"="，接着输入公式内容，完成后按"Enter"键或单击编辑栏上的"输入"按钮即可。

（2）修改公式。选择含有公式的单元格，将光标定位在编辑栏或单元格的公式中需要修改的位置，按"BackSpace"键删除多余或错误的内容，再输入正确的内容，完成后按"Enter"键，WPS表格会自动计算出修改公式后的结果。

（3）填充公式。选择已添加公式的单元格，将鼠标指针移至该单元格右下角的控制柄上，当鼠标指针变为**＋**形状时，按住鼠标左键不放并拖曳鼠标指针至所需位置，释放鼠标左键，WPS表格会自动在相应的单元格区域中填充相同的公式并计算出结果。

（4）复制和移动公式。复制公式的方法与复制数据的方法相同。移动公式的方法与移动数据的方法相同。移动公式即将原始单元格的公式移动到目标单元格中，公式在移动过程中不会根据单元格的位移而发生改变。

2. 单元格的引用

引用单元格的作用在于标识工作表中的单元格或单元格区域，并通过引用单元格来标识公式中所使用的数据地址，这样就可以提高计算数据的效率。

（1）单元格引用类型。在计算数据表中的数据时，可通过复制或移动公式来实现快速计算，这就涉及单元格的引用。根据单元格地址是否改变，可将单元格引用分为相对引用、绝对引用和混合引用。

（2）引用不同工作表中的单元格。在制作表格时，有时需要调用不同工作表中的数据，这时就需要引用其他工作表中的单元格。

3. 函数的使用

（1）WPS表格中的常用函数。WPS表格中提供了多种函数，每个函数的功能、语法结构及参数的含义各不相同。除使用较多的SUM函数和AVERAGE函数，常用的函数还有IF函数、MAX/MIN函数、COUNT函数、SIN函数、PMT函数、SUMIF函数、RANK函数和INDEX函数等。

（2）插入函数。在WPS表格中可以通过两种方式来插入函数：单击编辑栏中的"插入函数"按钮或在"公式"选项卡中单击"插入函数"按钮。

4. 快速计算与自动求和

（1）快速计算。选择需要计算的单元格区域，在WPS工作界面的状态栏中可以直接查看平均值、单元格个数、总和等计算结果。

（2）自动求和。选择需要进行求和的单元格区域，在"公式"选项卡中单击"自动求和"按钮。

（四）实验实施

WPS表格常被用于制作工资表、绩效考核表，涉及的知识点主要包括公式的基本操作与调试，以及单元格中数据的引用。下面计算"员工工资表"中的数据，具体操作如下。

（1）输入函数。打开"员工工资表.et"工作簿（配套资源：素材\第4章\实验三\员工工资表.et），选择J4单元格，单击"公式"选项卡中的"插入函数"按钮，打开"插入函数"对话框插入SUM函数，设置参数为B4:G4单元格区域，查看输入函数后的计算结果。

（2）复制函数。通过拖曳控制柄的填充方式快速复制函数到J5:J21单元格区域，效果如图4-16所示。

（3）输入公式。在K4单元格中输入公式"=J4-H4-I4"并计算结果，如图4-17所示，再通过拖曳控制柄的填充方式快速复制函数到K5:K21单元格区域。

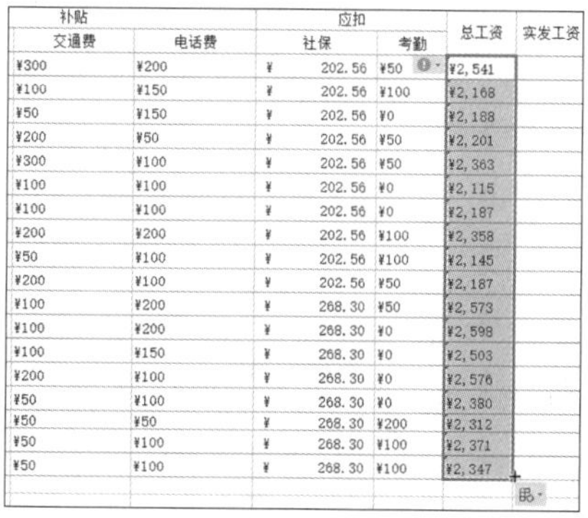

图4-16　复制函数

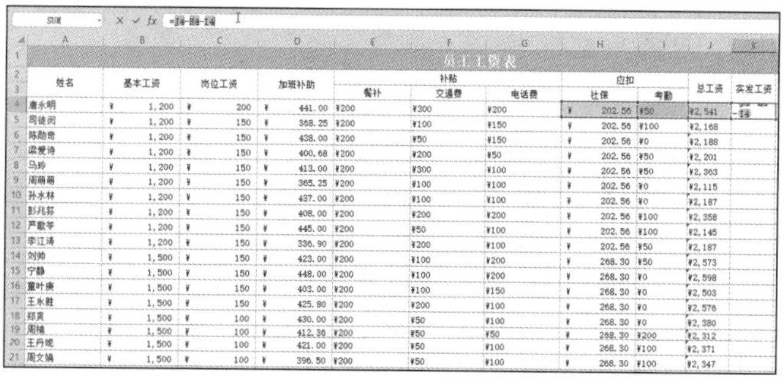

图4-17　输入公式

（4）自动求和。选择B23单元格，单击"公式"选项卡中的"自动求和"按钮，在打开的下拉列表中选择"求和"选项，然后按"Enter"键确认。使用相同的方法为C23单元格、D23单元格、E23单元格、F23单元格、G23单元格、H23单元格和I23单元格进行自动求和。

（5）计算平均值。选择L4单元格，打开"插入函数"对话框插入AVERAGE函数，设置"数值1"为B4:G4单元格区域，计算出结果，再通过拖曳控制柄的填充方式快速复制函数到L5:L21单元格区域。选择L4:L21单元格区域，打开"单元格格式"对话框，在其中选择"自定义"选项卡，设置数据类型为"0.00"。

（6）计算最大值和最小值。选择C24单元格，单击"公式"选项卡中的"自动求和"按钮，在打开的下拉列表中选择"最大值"选项，选择K4:K21单元格区域，然后按"Enter"键确认，计算出结果。用同样的方法在C25单元格中计算出"实发工资"的最小值。

（7）计算排名。在M4单元格中输入公式"=RANK(L4,$L$4:$L$21,0)"，计算出结果，然后将函数复制到M5:M21单元格区域。

（8）使用条件函数IF。选择N4单元格，打开"插入函数"对话框插入IF函数，设置"测试条件"为"K4>2000"，在"真值"文本框中输入""优秀""，在"假值"文本框中输入""不合格""，单击"确定"按钮计算出结果，并将函数复制到N5:N21单元格区域。

（9）统计个数。选择C26单元格，插入COUNTIF函数，设置"区域"为"K4:K21"，"条件"为">2000"，按"Enter"键计算出结果。完成后保存文件，最终效果如图4-18所示（配套资源：效果\第4章\实验三\员工工资表.et）。

姓名	基本工资	岗位工资	加班补助	补贴			应扣		总工资	实发工资	平均值	排名	是否合格
				餐补	交通费	电话费	社保	考勤					
唐永明	¥ 1,200	¥ 200	¥ 441.00	¥200	¥300	¥200	¥ 202.56	¥50	¥2,541	2288.44	423.50	4	优秀
司徒闳	¥ 1,200	¥ 150	¥ 368.25	¥200	¥100	¥150	¥ 202.56	¥100	¥2,168	1865.69	361.38	16	不合格
陈勋奇	¥ 1,200	¥ 150	¥ 438.00	¥200	¥50	¥150	¥ 202.56	¥0	¥2,188	1985.44	364.67	13	不合格
梁爱诗	¥ 1,200	¥ 150	¥ 400.68	¥200	¥200	¥50	¥ 202.56	¥50	¥2,201	1948.12	366.78	12	不合格
马玲	¥ 1,200	¥ 150	¥ 413.00	¥200	¥300	¥100	¥ 202.56	¥50	¥2,363	2110.44	393.83	8	优秀
周萌萌	¥ 1,200	¥ 150	¥ 365.25	¥200	¥100	¥100	¥ 202.56	¥0	¥2,115	1912.69	352.54	18	不合格
孙水林	¥ 1,200	¥ 150	¥ 437.00	¥200	¥100	¥100	¥ 202.56	¥0	¥2,187	1984.44	364.50	14	不合格
彭兆菻	¥ 1,200	¥ 150	¥ 408.00	¥200	¥200	¥100	¥ 202.56	¥100	¥2,358	2055.44	393.00	9	优秀
严歌苓	¥ 1,200	¥ 150	¥ 445.00	¥200	¥50	¥100	¥ 202.56	¥100	¥2,145	1842.44	357.50	17	不合格
李江涛	¥ 1,200	¥ 150	¥ 336.90	¥200	¥200	¥100	¥ 202.56	¥50	¥2,187	1934.34	364.48	15	不合格
刘烨	¥ 1,500	¥ 150	¥ 423.00	¥200	¥100	¥100	¥ 268.30	¥50	¥2,573	2254.7	428.83	3	优秀
宁静	¥ 1,500	¥ 150	¥ 448.00	¥200	¥100	¥200	¥ 268.30	¥0	¥2,598	2329.7	433.00	1	优秀
董叶庚	¥ 1,500	¥ 150	¥ 403.00	¥200	¥100	¥150	¥ 268.30	¥0	¥2,503	2234.7	417.17	4	优秀
王永胜	¥ 1,500	¥ 150	¥ 425.80	¥200	¥200	¥100	¥ 268.30	¥0	¥2,576	2307.5	429.30	2	优秀
郑爽	¥ 1,500	¥ 100	¥ 430.00	¥200	¥50	¥100	¥ 268.30	¥0	¥2,380	2111.7	396.67	6	优秀
周楠	¥ 1,500	¥ 100	¥ 412.36	¥200	¥50	¥50	¥ 268.30	¥100	¥2,312	1844.06	385.39	11	不合格
王丹妮	¥ 1,500	¥ 100	¥ 421.00	¥200	¥50	¥100	¥ 268.30	¥100	¥2,371	2002.7	395.17	7	优秀
周文娟	¥ 1,500	¥ 100	¥ 396.50	¥200	¥50	¥100	¥ 268.30	¥100	¥2,347	1978.2	391.08	10	不合格
总工资	24000	2550	7412.74	3600	2300	2250	4172	950					
最高工资		2329.7											
最低工资		1842.44											
实发工资在2000元以上		9											

图4-18　最终效果

（五）实验练习

打开"员工培训成绩表.xlsx"表格（配套资源：素材\第4章\实验三\员工培训成绩表.et），然后计算工作表，参考效果如图4-19所示，操作提示如下。

（1）利用SUM函数计算总成绩。

（2）利用AVERAGE函数计算平均成绩。

（3）利用RANK.EQ函数对成绩进行排名。

（4）利用IF函数评定水平等级，最后保存文件（配套资源：效果\第4章\实验三\员工培训成绩表.et）。

编号	姓名	所属部门	办公软件	财务知识	法律知识	英语口语	职业素养	人力管理	总成绩	平均成绩	排名	等级
CM001	蔡云帆	行政部	60	85	88	70	80	82	465	77.5	11	一般
CM002	方艳芸	行政部	62	60	61	50	63	61	357	59.5	13	差
CM003	谷城	行政部	99	92	94	90	91	89	555	92.5	3	优
CM004	胡哥飞	研发部	60	54	55	58	75	55	357	59.5	13	差
CM005	蒋京华	研发部	92	90	89	96	99	92	558	93	1	优
CM006	李若明	研发部	83	89	96	89	75	90	522	87	5	良
CM007	龙泽苑	研发部	83	89	96	89	75	90	522	87	5	良
CM008	詹姆斯	研发部	70	72	60	95	84	90	471	78.5	9	一般
CM009	刘畅	财务部	60	85	88	70	80	82	465	77.5	11	一般
CM010	姚湛香	财务部	99	92	94	90	91	89	555	92.5	3	优
CM011	汤家桥	财务部	87	84	95	87	78	85	516	86	7	良
CM012	唐雨梦	市场部	70	72	60	95	84	90	471	78.5	9	一般
CM013	赵飞	市场部	60	54	55	58	75	55	357	59.5	13	差
CM014	夏侯铭	市场部	92	90	89	96	99	92	558	93	1	优
CM015	周玲	市场部	87	84	95	87	78	85	516	86	7	良
CM016	周宇	市场部	62	60	61	50	63	61	357	59.5	13	差

图4-19　"员工培训成绩表"表格参考效果

实验四　管理"设计师提成统计表"表格

（一）实验学时

2学时。

（二）实验目的

◇　掌握数据排序和数据筛选的方法。
◇　掌握分类汇总和合并计算的方法。

（三）相关知识

1. 数据排序

数据排序有助于快速直观地观察数据并更好地管理数据。一般情况下，数据排序分为以下3种方式。

（1）简单排序。简单排序是处理数据时最常用的排序方式。选择要排序的单元格区域，单击"数据"选项卡中的"升序"按钮或"降序"按钮，实现数据的升序或降序排序。

（2）多重排序。在对工作表中的某一字段进行排序时，会出现单元格含有相同数据而无法正确排序的情况，此时就需要另设其他条件来对含有相同数据的单元格进行排序。

（3）自定义排序。自定义排序可通过设置多个关键字对数据进行排序，还可通过其他关键字对含相同数据的单元格进行排序。

2. 数据筛选

利用WPS表格的筛选功能，用户可轻松地筛选出符合条件的数据。筛选功能主要有"自动筛选"和"自定义筛选"两种。

（1）自动筛选。选择需要筛选的单元格区域，单击"数据"选项卡中的"自动筛选"按钮，所有列的标题单元格右侧会自动显示"筛选"按钮，单击任一单元格右侧的"筛选"按钮，在打开的下拉列表中选中需要筛选的数据或取消选中不需要显示的数据，不满足条件的数据将自动隐藏。如果想要取消筛选，可再次单击"数据"选项卡中的"自动筛选"按钮。

（2）自定义筛选。自定义筛选一般用于筛选数值型数据，通过设定筛选条件可筛选出符合条件的数据。

3. 分类汇总

分类汇总可分为分类和汇总两部分，即以某一列字段为分类项目，然后汇总表格中其他数据列的数据。首先将工作表中的内容按分类字段排序，然后选择工作表中包含数据的任意一个单元格，单击"数据"选项卡中的"分类汇总"按钮，在打开的"分类汇总"对话框中设置分类字段、汇总方式、选定汇总项等参数后，单击"确定"按钮，WPS表格将生成自动分级的汇总表。

4. 合并计算

若需要合并几张工作表中的数据到一张工作表中，可以使用WPS表格的合并计算功能。合并计算主要通过"数据"选项卡中的"合并计算"按钮来实现。

（四）实验实施

在管理数据时，常需要利用WPS表格的数据排序、数据筛选功能将数据按照大小依次排列，或筛选出需要查看的数据，以便快速分析数据。下面对"设计师提成统计表"表格进行管理，具体操作如下。

微课：管理"设计师提成统计表"表格的具体操作

（1）简单排序。打开"设计师提成统计表.et"工作簿（配套资源：素材\第4章\实验四\设计师提成统计表.et），选择"签单总金额"列中的任意单元格，单击"数据"选项卡中的"排序"按钮，在打开的下拉列表中选择"降序"选项，使该列数据按降序排列；选择"提成率"列中的任意单元格，用同样的方法使该列数据按升序排列。

（2）删除重复项。选择工作表中的D3:D19单元格区域，单击"数据"选项卡中"重复项"按钮，在打开的下拉列表中选择"删除重复项"选项，打开"删除重复项"对话框，取消选中"全选"复选框，单击选中"签单总金额"复选框，单击"删除重复项"按钮，如图4-20所示。在打开的提示框中单击"确定"按钮。

（3）多重排序。在"5月提成统计"工作表中选择任意一个单元格，单击"数据"选项卡中的"排序"按钮，在打开的下拉列表中选择"自定义排序"选项，打开"排序"对话框，设置"主要关键字"为"获得的提成"，"排序依据"为"数值"，"次序"为"升序"。添加一个条件，设置"次要关键字"为"提成率"，"排序依据"为"数值"，"次序"为"降序"，单击"确定"按钮，如图4-21所示。

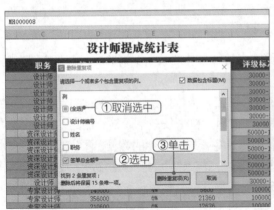

图4-20　删除重复项

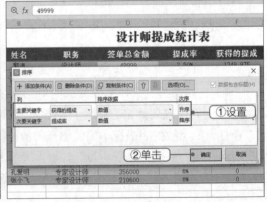

图4-21　多重排序

（4）自动筛选。选择C3:C17单元格区域，单击"数据"选项卡中的"自动筛选"按钮，单击C2单元格右侧的"筛选"按钮，在打开的下拉列表中取消选中"专家设计师"复选框，单击"确定"按钮，如图4-22所示。

（5）自定义筛选。单击F2单元格右侧的"筛选"按钮，在打开的下拉列表中单击"数字筛选"，在打开的子列表中选择"大于或等于"选项，如图4-23所示。打开"自定义自动筛选方式"对话框，在"大于或等于"下拉列表右侧的文本框中输入"1000"，单击"确定"按钮，完成后保存文件（配套资源：效果\第4章\实验四\设计师提成统计表.et）。

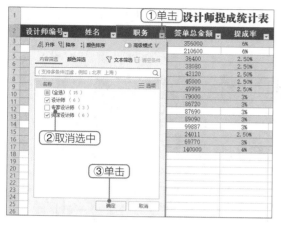

图4-22　自动筛选

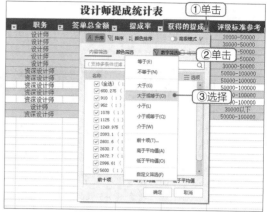

图4-23　自定义筛选

（五）实验练习

1. 管理"房产调查表"工作簿

对"房价调查表.et"工作簿中的"每平方米单价"列进行排序，然后筛选"每平方米单价"记录表，参考效果如图4-24所示，操作提示如下。

（1）打开"房价调查表.et"工作簿（配套资源：素材\第4章\实验四\房价调查表.et），利用数据排序功能使"每平方米单价"列按降序排列。

（2）筛选出"每平方米单价"在"4700～8500"之间的所有记录，最后保存文件（配套资源：效果\第4章\实验四\房价调查表.et）。

1	房价调查表						
2	编号	项目名称	开发商	产品类别	总户数	面积	每平方米单价
3	20	现代城市	大树房地产有限公司	小高层	1266	75~115	8000
4	19	城市家园	银河房地产有限公司	电梯	1310	48~118	6000
5	16	魅力城	开元房地产有限公司	电梯公寓	1140	60~175	5785
6	6	七里阳光	国欣房地产有限公司	小高层	2100	50~160	5500
7	9	东河丽景	泰宝房地产有限公司	商铺	1309	67~220	4998
8	10	芙蓉小镇	成志房地产有限公司	小高层	1244	130~230	4725
9	13	东科城市花园	天地房地产有限公司	电梯公寓	498	55~137	4700

图4-24　"房产调查表"工作簿参考效果

2. 管理"空调维修记录表"工作簿

对"空调维修记录表.et"工作簿中的数据进行处理，参考效果如图4-25所示，操作提示如下。

（1）打开"空调维修记录表.et"工作簿（配套资源：素材\第4章\实验四\空调维修记录表.et），选择A2:G17单元格区域，单击"数据"选项卡中的"升序"按钮，按升序排列表格数据。

（2）单击"自动筛选"按钮，然后单击"维修次数"单元格右侧的"筛选"按钮，在打开的下拉列表中筛选出维修次数在2次以上（包含2次）的空调维修信息。

（3）单击“自动筛选”按钮退出筛选状态，突出显示价格大于5 000元的单元格，设置填充颜色为“浅红”，文本为“深红色”，最后保存文件（配套资源：效果\第4章\实验四\空调维修记录表.et）。

1	空调维修记录表						
2	序号	品牌	型号	颜色	价格	所属部门	维修次数
3	1	美迪	A8	黑色	￥3,500.00	行政部	2
4	2	奥斯特	H530	白色	￥5,000.00	办事处	2
5	3	奥斯特	H530	黑色	￥4,500.00	销售部	4
6	4	美迪	A4	白色	￥5,600.00	技术部	1
7	5	奥斯特	H330	白色	￥6,500.00	销售部	3
8	6	美迪	A7L	黑色	￥4,000.00	技术部	4
9	7	松盛	560S	黑色	￥5,000.00	销售部	1
10	8	松盛	458P	白色	￥4,600.00	销售部	1
11	9	美迪	A6L	黑色	￥3,500.00	销售部	0
12	10	宝瑞	A3	红色	￥6,500.00	销售部	2
13	11	宝瑞	Q5	白色	￥3,200.00	技术部	1
14	12	宝瑞	53Q	黄色	￥4,600.00	技术部	1
15	13	宝瑞	Q3	银色	￥5,000.00	销售部	3
16	14	松盛	5503S	黑色	￥6,500.00	行政部	1

图4-25 “空调维修记录表”工作簿参考效果

实验五 分析“季度销售数据统计表”表格

（一）实验学时

2学时。

（二）实验目的

掌握使用图表分析数据的方法。

（三）相关知识

1. 图表的创建与编辑

为了使表格中的数据看起来更直观，可以用图表来展现数据。

（1）创建图表。图表是根据WPS表格中的数据生成的，因此，在插入图表前，需要先编辑WPS表格中的数据，然后选择数据区域。在“插入”选项卡中单击“全部图表”按钮，打开“插入图表”对话框，在对话框中进行设置并创建图表。

（2）设置图表。在默认情况下，图表将被插入编辑区中心位置，需要调整图表位置和大小。选择图表，将鼠标指针定位到图表中，按住鼠标左键不放并拖曳可调整图表位置；将鼠标指针移动到图表的4个角上，按住鼠标左键不放并拖曳可调整图表的大小。

（3）编辑图表。在插入图表后，如果图表不够美观或数据有误，可重新编辑图表，如编辑图表数据、调整图表位置、更改图表类型、设置图表样式、设置图表布局和编辑图表元素等。

2. 数据透视表和数据透视图

（1）创建数据透视表。选择需要进行分析的单元格区域，单击"插入"选项卡中的"数据透视表"按钮，打开"创建数据透视表"对话框，在对话框中进行相关设置，单击"确定"按钮创建数据透视表。

（2）创建数据透视图。创建数据透视图与创建数据透视表相似，关键在于数据区域与字段的选择。另外，在创建数据透视图时，WPS表格也会同时创建数据透视表。

3. 表格打印

在实际的办公过程中，通常要打印存档的电子表格。利用WPS表格的打印功能不仅可以打印表格，还可以预览和设置电子表格的打印效果。

（1）页面布局设置。在打印之前，可根据需要设置页面的布局，如调整分页符、调整页面布局等。

（2）打印预览。打印预览有助于及时避免打印后会出现的错误，提高打印质量。选择"文件"→"打印"→"打印预览"命令可预览打印效果。

（3）打印设置。选择"文件"→"打印"命令，打开"打印"界面，在"副本"栏的"份数"数值框中输入打印数量，在"打印机"栏的"名称"下拉列表中选择当前可使用的打印机，在"页码范围"栏中可以选择打印范围。通过该界面还可设置打印内容、并打顺序等，设置完成后单击"确定"按钮进行打印。

（四）实验实施

制作统计类的表格，要想达到较好的视觉效果，可以使用WPS表格的图表功能，通过图表能够清楚显示工作表中的数据，使数据更易于理解，从而使数据分析更具有说服力。下面分析"季度销售数据统计表"工作簿，具体操作如下。

微课：分析"季度销售数据统计表"工作簿的具体操作

（1）创建图表。打开"季度销售数据统计表.et"工作簿（配套资源：素材\第4章\实验五\季度销售数据统计表.et），选择A2:H10单元格区域，在"插入"选项卡中单击"数据透视表"按钮，打开"创建数据透视表"对话框，单击"确定"按钮，如图4-26所示。系统将自动在新工作表中创建一个空白数据透视表，右侧将显示"字段列表"和"数据透视表区域"窗格。

（2）在"字段列表"窗格中将"销售区域"字段拖曳到"数据透视表区域"窗格中的"筛选器"列表中，数据透视表中将自动添加该字段，然后用同样的方法按顺序将"第1季度""第2季度""第3季度""第4季度""合计"字段拖曳到"值"列表框中，将"产品名称"字段拖曳到"行"列表中，效果如图4-27所示。

（3）在"数据透视表区域"窗格单击"求和项：合计"字段，在打开的下拉列表中选择"值字段设置"选项。打开"值字段设置"对话框，单击"值显示方式"选项卡，在"值显示方式"下拉列表中选择"父行汇总的百分比"选项，单击"确定"按钮，如图4-28所示。

（4）选择数据透视表中的任意单元格，单击已经激活的"分析"选项卡中的"数据透视图"按钮。打开"插入图表"对话框，在左侧的列表中选择"柱形图"选项，在右侧的列表中选择"簇状柱形图"选项，单击"插入"按钮，在数据透视表下方添加数据透视图，效果如图4-29所示。

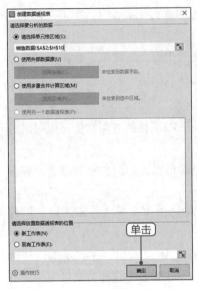

图4-26　创建数据透视表

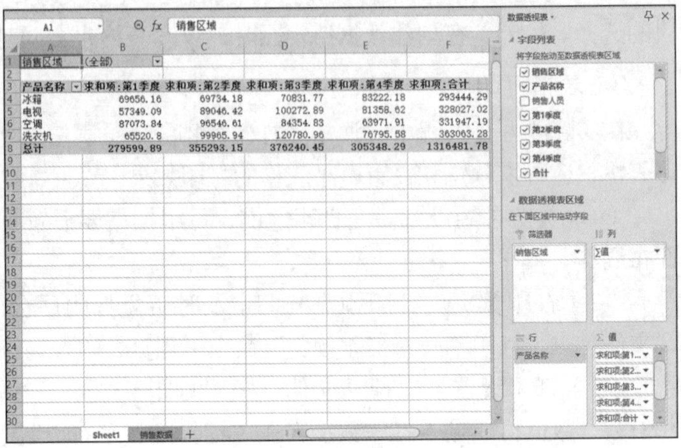

图4-27　添加字段

图4-28　设置值显示方式

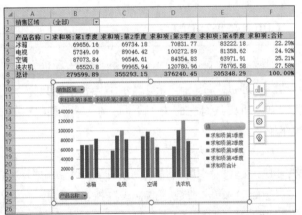

图4-29　添加数据透视图

（5）在数据透视图的"求和项:合计"按钮上单击鼠标右键，在弹出的快捷菜单中选择"删除字段"选项。

（6）单击"图表工具"选项卡中的"更改类型"按钮，将工作表中簇状柱形图改为簇状条形图。

（7）单击"图表工具"选项卡中的"切换行列"按钮切换图表的行和列。

（8）单击"图表工具"选项卡中的"快速布局"按钮，在打开的下拉列表中选择"布局10"选项。

（9）单击"图表工具"选项卡中的"添加元素"按钮，在打开的下拉列表中依次选择"图表标题"和"图表上方"选项，添加图表标题。设置图表标题为"季度销售统计"，然后继续在"添加元素"下拉列表中添加图例到数据透视图的下方。

（10）在"绘图工具"选项卡中为整个图表区填充"细微效果-矢车菊蓝，强调颜色5"主题颜色，如图4-30所示。

（11）选择图表标题的文本，在"文本工具"选项卡中设置文本样式为"加粗、14""填充-钢蓝，着色1，阴影"，完成后的效果如图4-31所示（配套资源：效果\第4章\实验五\季度销售数据统计表.et）。

图4-30　填充图表区颜色

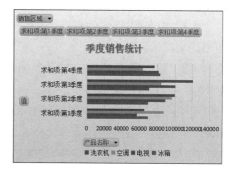

图4-31　最终效果

（五）实验练习

1. 分析"商品库存分析表"表格

本练习要求为"商品库存分析表"表格添加图表，并对其进行编辑与美化。参考效果如图4-32所示，操作提示如下。

（1）打开素材文件"商品库存分析表.et"（配套资源：素材\第4章\实验五\商品库存分析表.et），插入"簇状条形图"图表，修改图表标题为"商品库存分析表"，完成后移动图表位置和大小。

（2）使用选择数据功能取消选中"需求量"，设置图表布局为"布局3"，设置快速样式为"样式2"，将数据标签设置为"数据标签外"。

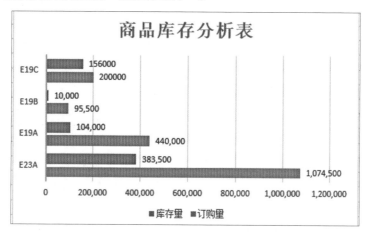

图4-32　"商品库存分析表"表格中图表的参考效果

（3）设置标题文档的字体样式为"填充-黑色，文本1，阴影"，保存文件（配套资源：效果\第4章\实验五\商品库存分析表.et）。

2．分析"销售数据统计表"表格

下面将分析"销售数据统计表"表格，部分参考效果如图4-33所示，操作提示如下。

（1）打开"销售数据统计表.et"工作簿（配套资源：素材\第4章\实验五\销售数据统计表.et），在"8月份"工作表中插入簇状条形图图表，并设置图表中引用的数据源为B2:D10单元格区域。

（2）单击"图表工具"选项卡中的"快速布局"按钮，为簇状条形图应用"布局5"快速布局。

（3）输入图表标题，并设置标题文本、纵轴（类别）文本、数据表中文本的字体均为"黑体"。

（4）为图表添加数据标签和趋势线（配套资源：效果\第4章\实验五\销售数据统计表.et）。

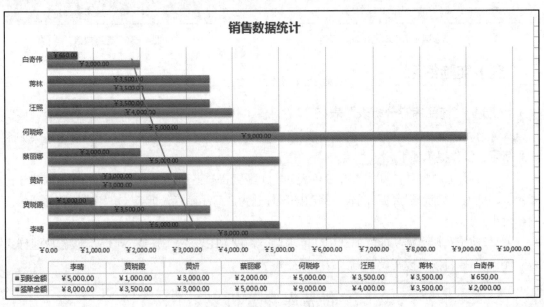

图4-33　"销售数据统计表"表格部分参考效果

第5章
WPS演示办公软件

配套教材的第6章主要讲解了使用WPS演示办公软件制作演示文稿的操作方法。本章将介绍创建并编辑演示文稿、设计演示文稿母版、制作并美化演示文稿、设置演示文稿动画效果、设置演示文稿交互效果、放映与输出演示文稿等内容。通过对本章的学习，学生能够掌握WPS演示办公软件的使用方法，并能够利用WPS演示办公软件制作符合学习和工作需要的演示文稿。

实验一 创建并编辑"招生介绍"演示文稿

（一）实验学时

2学时。

（二）实验目的

◇ 掌握演示文稿的基本操作和幻灯片的基本操作。
◇ 掌握幻灯片的文本编排。

（三）相关知识

1. 演示文稿的基本操作

演示文稿的基本操作包括新建演示文稿、打开演示文稿、保存演示文稿和关闭演示文稿，下面分别进行介绍。

（1）新建演示文稿。新建演示文稿的方法很多，如新建空白演示文稿、利用模板新建演示文稿等，用户可根据实际需求进行选择。

（2）打开演示文稿。在编辑、查看或放映演示文稿前，应先打开演示文稿。打开演示文稿的方法主要有以下两种。

①打开演示文稿：在WPS Office的工作界面中，单击"打开"按钮或按"Ctrl+O"组合键，打开"打开文件"对话框，在对话框中选择需要打开的演示文稿，单击"打开"按钮。

②打开最近使用的演示文稿：WPS演示提供了记录最近打开过的演示文稿的功能，如果想打开最近打开过的演示文稿，可在WPS Office的工作界面中单击"最近"选项，查看最近打开过的演示文稿，双击需打开的演示文稿将其打开。

（3）保存演示文稿。保存演示文稿的方法有很多，主要包括直接保存演示文稿、另存为演示文稿、自动保存演示文稿3种。

①直接保存演示文稿：直接保存演示文稿是最常用的保存方法。具体操作方法：单击"文件"→"保存"命令或单击快速访问工具栏中的"保存"按钮，打开"另存文件"对话框，在"位置"下拉列表中选择演示文稿的保存位置，在"文件名"文本框中输入文件名后，单击"保存"按钮即可保存。当执行过一次保存操作后，再次单击"文件"→"保存"命令或单击"保存"按钮，可将两次保存操作之间编辑的内容再次保存。

②另存为演示文稿：单击"文件"→"另存为"命令，打开"另存文件"对话框，在"文件类型"下拉列表中选择所需保存类型后单击"保存"按钮。

③自动保存演示文稿：单击"文件"→"选项"命令，打开"选项"对话框，单击左下角的"备份中心"按钮，在打开的界面中单击"设置"按钮，再在展开的界面中单击选中"定时备份"单选按钮，并在其后的数值框中输入自动保存的时间间隔，单击界面右上角的"关闭"按钮完成设置。

（4）关闭演示文稿。当不再需要操作演示文稿时，可关闭演示文稿，关闭演示文稿的常用方法有以下3种。

①通过单击按钮关闭演示文稿：单击WPS演示工作界面"标题"选项卡中的"关闭"按钮，关闭演示文稿。

②通过快捷菜单关闭演示文稿：在WPS演示工作界面"标题"选项卡上单击鼠标右键，在弹出的快捷菜单中选择"关闭"命令。

③通过组合键关闭演示文稿：按"Alt+F4"组合键，关闭演示文稿并且退出WPS Office。

2. 幻灯片的基本操作

用户在制作演示文稿的过程中往往需要操作幻灯片，如新建幻灯片、选择幻灯片、移动和复制幻灯片、删除幻灯片、显示和隐藏幻灯片、播放幻灯片等。

（1）新建幻灯片。用户可通过"幻灯片"浏览窗格和通过单击"新建幻灯片"按钮两种方式来新建幻灯片。

（2）选择幻灯片。选择幻灯片是编辑幻灯片的前提，选择幻灯片时可以选择单张幻灯片、选择多张幻灯片或选择全部幻灯片。

（3）移动和复制幻灯片。移动和复制幻灯片可通过拖曳鼠标、选择菜单命令、按组合键3种方法来实现。

（4）删除幻灯片。在"幻灯片"浏览窗格或幻灯片浏览视图中均可删除幻灯片。

（5）显示和隐藏幻灯片。显示和隐藏幻灯片主要通过"幻灯片"浏览窗格来实现，隐藏幻灯片后，在播放演示文稿时，不显示隐藏的幻灯片，当需要时可再次将幻灯片显示出来。

（6）播放幻灯片。播放幻灯片可以从第一张幻灯片开始，也可以从任意一张幻灯片开始。若需要从第一张幻灯片开始播放，可单击"开始"选项卡中的"当页开始"下拉按钮，在打开的下拉列表中选择"从头开始"选项；或者按"F5"键。若想从指定的某张幻灯片开始播放，则选中该张幻灯片，单击"从当前开始"按钮。

3. 幻灯片的文本编排

文本是幻灯片中不可或缺的内容。幻灯片的文本编排主要包括输入文本、编辑文本格式、插入并编辑艺术字等操作。在幻灯片中编排文本，与在WPS文字中编排文本类似。

（四）实验实施

默认情况下，新建的演示文稿只包含一张幻灯片，这并不能满足演示文稿的制作需求，此时就需要新建幻灯片。另外，对于新建的幻灯片，还可以根据需要进行编辑，如在幻灯片中输入文本等。下面在空白演示文稿中新建幻灯片，并对幻灯片进行相应的编辑，具体操作如下。

（1）启动WPS Office 2019软件，在WPS Office 2019工作界面中单击功能列表区中的"新建"按钮，选择"演示"选项卡，在WPS 演示界面的"推荐模板"中任意选择一个模板，软件将切换到WPS演示文稿编辑界面，并自动新建名为"演示文稿1"的模板演示文稿，如图5-1所示。

（2）在"幻灯片"浏览窗格中的第1张幻灯片下方单击"新建幻灯片"按钮，在打开的界面中选择一种版式以新建一张幻灯片，如图5-2所示。

图5-1　新建模板演示文稿

图5-2　新建幻灯片

（3）在第2张幻灯片中绘制一个横排文本框，然后输入文本"谢谢大家聆听！"将文本字体、字号设置为"方正粗倩简体、80"，将文本填充设置为"填充-橙色，着色4，软边缘"，并为文本设置"紧密倒影，接触"的倒影效果，如图5-3所示。

（4）移动幻灯片。保持幻灯片选中状态，拖曳第2张幻灯片，将幻灯片移动到第6张幻灯片下方。

（5）选择第7张幻灯片，单击鼠标右键，在打开的快捷菜单中选择"删除幻灯片"选项，如图5-4所示，此时还剩下6张幻灯片。

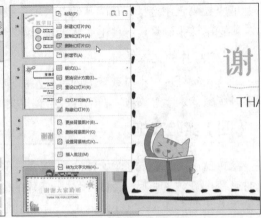

图5-3　设置倒影效果　　　　　　　　　　图5-4　删除幻灯片

（6）选择第3张幻灯片，单击鼠标右键，在打开的快捷菜单中选择"复制幻灯片"选项，并将复制的第4张幻灯片移动到第5张幻灯片的下方。

（7）选择第5张幻灯片，单击鼠标右键，在打开的快捷菜单中选择"隐藏幻灯片"选项，播放演示文稿后，取消隐藏第5张幻灯片。

（8）将第1张幻灯片中的"可爱卡通儿童教育"文本修改为"春季幼儿招生介绍"文本，将"免费通用版PPT模板"文本修改为"红绿蓝幼儿园"文本，将下方的说明文本修改为"演讲人：姜明"，然后在剩余的幻灯片中修改输入相关文本，效果如图5-5所示。

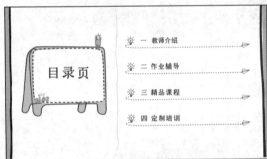

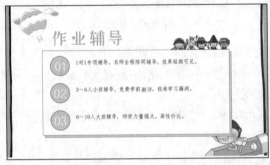

图5-5　修改文本后的部分幻灯片效果

（9）选中第4张幻灯片，单击幻灯片下方的"从当前开始"按钮，即从当前幻灯片开始播放，完成后保存文件（配套资源：效果\第5章\实验一\招生介绍.dps）。

（五）实验练习

编辑"中层管理人员培训.dps"演示文稿，参考效果如图5-6所示，操作提示如下。

（1）打开"中层管理人员培训.dps"演示文稿（配套资源：素材\第5章\实验一\中层管理人员培训.dps），选择"幻灯片"浏览窗格中的第7张幻灯片，在其下方新建一张空白幻灯片。

（2）分别在新建幻灯片的标题占位符和文本占位符中输入文本内容，设置标题文本的字体、字号为"方正粗倩简体、60"，并设置文本填充为"填充-钢蓝，着色1，阴影"。

（3）删除第3张幻灯片，将第6张幻灯片移动到第3张幻灯片上方，将第5张幻灯片移动到第4张幻灯片上方，将第6张幻灯片移动到第5张幻灯片上方。最后，按"F5"键播放幻灯片（配套资源：效果\第5章\实验一\中层管理人员培训.dps）。

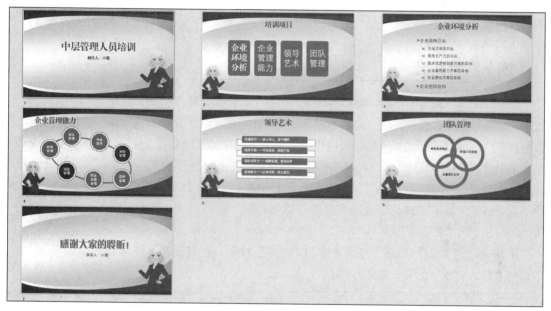

图5-6 "中层管理人员培训"演示文稿参考效果

实验二 为"工作简报"演示文稿设计母版

（一）实验学时

2学时。

（二）实验目的

◇ 掌握演示文稿母版的设置方法。

（三）相关知识

母版是演示文稿中特有的概念。母版可以用来制作演示文稿中的统一标志，可以用来设计演示文稿中所有幻灯片的文本格式、背景等。通过设计、制作母版，可以使设置的内容快速在多张幻灯片中生效。WPS演示中存在幻灯片母版、讲义母版和备注母版3种母版。

① 幻灯片母版。幻灯片母版是用于存储模板信息的幻灯片，这些模板信息包括字形、占位符大小和位置、背景设计和配色方案等。只要幻灯片母版中的样式发生了改变，则其对应的幻灯片中相应的样式也会随之改变。

② 讲义母版。讲义是指演讲者在放映演示文稿时使用的纸稿，纸稿中显示了每张幻灯片的大致内容、要点等。制作讲义母版就是设置这些内容在纸稿中的显示方式，主要包括设置每页纸张上幻灯片的显示数量、排列方式以及页眉和页脚信息等。

③备注母版。备注是指演讲者在幻灯片下方输入的内容，根据需要可将这些内容打印出来。制作备注母版就是为了将这些备注信息打印在纸张上，而对备注进行相关设置。

编辑幻灯片母版与编辑幻灯片的方法类似。幻灯片母版中可以添加图片、声音、文本等对象，但通常只添加在大部分幻灯片中都需要使用的对象。完成母版样式的编辑后可单击"关闭"按钮退出母版。

（四）实验实施

幻灯片母版控制着整个演示文稿的外观，包括字体格式、段落格式、背景效果、配色方案、页眉和页脚、动画等内容。用户如果想让演示文稿的整体风格保持统一，通过设计幻灯片母版就能快速实现。下面在"工作简报.dps"演示文稿中通过设计幻灯片母版，统一演示文稿整体风格。具体操作如下。

微课：为"工作简报"演示文稿设计母版的具体操作

（1）打开"工作简报.dps"演示文稿（配套资源：素材\第5章\实验二\工作简报.dps），单击"设计"选项卡中的"编辑母版"按钮，进入幻灯片母版的编辑状态，如图5-7所示。

（2）单击"幻灯片母版"选项卡中的"主题"按钮，在打开的下拉列表中选择"行云流水"选项，如图5-8所示。

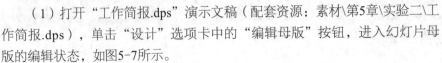
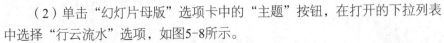
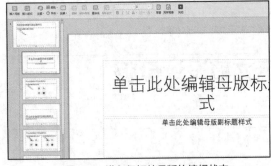

图5-7　进入幻灯片母版的编辑状态　　　　图5-8　选择母版样式

（3）单击"幻灯片母版"选项卡中的"背景"按钮，打开"对象属性"窗格，单击选中"图片或纹理填充"单选按钮，在"图片填充"栏中选择"本地文件"选项。打开"选择纹理"对话框，在对话框中选择"背景.png"素材图片（配套资源：素材\第5章\实验二\背景.png），然后单击"打开"按钮。

（4）选择标题占位符，单击"字体"组中的"加粗"按钮加粗文本。单击"文本工具"

选项卡中的"行距"按钮,在打开的下拉列表中选择"1.5"选项,如图5-9所示。

(5)选择内容占位符,将字号设置为"24",将行距设置为"1.5"。

(6)单击"插入"选项卡中的"页眉页脚"按钮,打开"页眉和页脚"对话框,单击选中"日期和时间"复选框和"自动更新"单选按钮,再单击选中"幻灯片编号"和"页脚"复选框,在"页脚"下方的文本框中输入公司名称"智能科技有限公司",单击"全部应用"按钮,如图5-10所示。

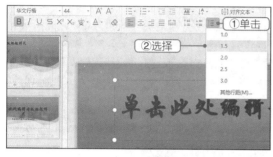

图5-9　设置文本行距

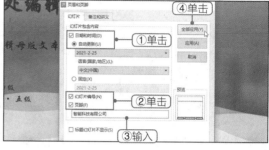

图5-10　设置页眉和页脚

(7)选择第2种幻灯片版式,将文本插入点定位到普通文本占位符的第一级文本中,在"文本工具"选项卡中单击"项目符号"按钮右侧的下拉按钮,在打开的下拉列表中选择"箭头项目符号",如图5-11所示。

(8)适当调整标题占位符和副标题占位符的位置与大小,完成后单击"幻灯片母版"选项卡中的"关闭"按钮,返回普通视图,查看应用幻灯片母版后的效果,如图5-12所示(配套资源:效果\第5章\实验二\工作简报.dps)。

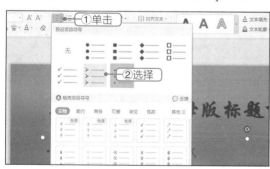

图5-11　设置项目符号

图5-12　应用幻灯片母版后的效果

(五)实验练习

为"楼盘投资策划书"演示文稿设计母版,参考效果如图5-13所示,操作提示如下。

(1)打开"楼盘投资策划书.dps"演示文稿(配套资源:素材\第5章\实验二\楼盘投资策划书.dps)。进入幻灯片母版后,将两张素材图片(配套资源:素材\第5章\实验二\城市1.jpg、城市2.jpg)分别设置为第1张和最后1张幻灯片的背景,以及内容幻灯片的背景。

(2)设置第1张幻灯片中标题的文本颜色为"亮石板灰,着色2,深色25%"、副标题的文本颜色为"亮石板灰,着色2,深色50%",为矩形填充"白色"。最后1张幻灯片的样式与第1张幻灯片相同。

（3）为内容幻灯片母版设置"菱形"项目符号。

（4）为幻灯片母版设置页脚为"武汉幸福房地产投资有限公司"，完成后保存文件（配套资源：效果\第5章\实验二\楼盘投资策划书.dps）。

图5-13 "楼盘投资策划书"演示文稿参考效果

实验三 制作并美化"工作总结"演示文稿

（一）实验学时

2学时。

（二）实验目的

◇ 掌握在幻灯片中插入图片与图表的方法。

◇ 掌握在幻灯片中插入和编辑形状、艺术字的方法。

（三）相关知识

在WPS演示中制作演示文稿时，可以插入图片、图表等对象。

1. 插入图片

在"插入"选项卡中单击"图片"按钮下方的下拉按钮，在打开的下拉列表中单击"本地图片"按钮，打开"插入图片"对话框，选择要插入的图片，单击"插入"按钮,在幻灯片中插入保存在计算机中的图片。此外，在打开的下拉列表中单击"分页插图"按钮，在打开的"分页插入图片"对话框中选择多张图片，可依次将图片插入各张幻灯片中；单击"手机传图"按钮，可将手机中保存的图片插入幻灯片中。

2．插入图表

图表可以清晰直观地呈现数据之间的关系，增强演示文稿的说服力。在"插入"选项卡中单击"图表"按钮，打开"插入图表"对话框，选择图表选项，单击"插入"按钮插入图表。在WPS演示中，用户还能自定义图表中的各项元素内容，可根据需要进行调整和更改。

（1）调整图表大小。选择图表，将鼠标指针移到图表边框上，当鼠标指针变为双箭头形状时，按住鼠标左键不放并拖曳鼠标指针，可调整图表大小。

（2）调整图表位置。将鼠标指针移动到图表上，当鼠标指针变为形状时，按住鼠标左键不放并拖曳鼠标指针，至合适位置后释放鼠标左键，即可调整图表位置。

（3）编辑图表数据。用户在WPS演示中插入图表后，还需要添加和编辑数据内容。在"图表工具"选项卡中单击"编辑数据"按钮，打开"WPS演示中的图表"窗口，修改单元格中的数据，修改完成后关闭窗口。

（4）更改图表类型。在"图表工具"选项卡中单击"更改类型"按钮，在打开的"更改图表类型"对话框中进行选择，单击"确定"按钮，关闭对话框。

3．插入形状和艺术字

在"插入"选项卡中单击"形状"按钮下方的下拉按钮，在打开的下拉列表中可选择不同的形状样式，如线条、矩形、基本形状、箭头、公式、流程图等。插入艺术字的方法和插入形状的方法基本一致，在"插入"选项卡中单击"艺术字"按钮下方的下拉按钮，在打开的下拉列表中可选择不同的预设样式。

（四）实验实施

下面先为"工作总结.dps"演示文稿设计母版，然后制作并美化"工作总结.dps"演示文稿中的其他幻灯片。具体操作如下。

微课：制作并美化"工作总结"演示文稿的具体操作

（1）启动WPS Office 2019，新建一个空白的演示文稿，保存并设置名称为"工作总结.dps"。在空白演示文稿中单击"设计"选项卡中的"编辑母版"按钮，进入幻灯片母版的编辑状态。

（2）选择Office主题母版幻灯片，在右侧"对象属性"窗格中单击选中"纯色填充"单选按钮，在"插入"选项卡中单击"图片"按钮下方的下拉按钮，在打开的下拉列表中单击"本地图片"按钮，打开"插入图片"对话框，选择需要插入的图片"书.png"（配套资源：素材\第5章\实验三\书.png），单击"打开"按钮。

（3）将图片移动到合适的位置，设置标题占位符字体格式为"方正黑体简体、32"，单击"字体颜色"下拉按钮，在打开的下拉列表中选择"取色器"选项，此时鼠标指针变成吸管形状，将鼠标指针移动到图片的颜色上，吸取图片的颜色值。

（4）单击鼠标，将吸取的颜色应用于标题占位符的文本中，删除内容占位符，绘制一个矩形，取消矩形的轮廓，将矩形填充为吸取的颜色（为了便于识别，后文统称为"水绿色"）。

（5）在"插入"选项卡中单击"形状"按钮下方的下拉按钮，在打开的下拉列表中选择"等腰三角形"形状。在矩形上方中间位置绘制形状，选择该形状，单击"绘图工具"选项卡中的"旋转"按钮，在打开的下拉列表中选择"垂直翻转"选项。

（6）将等腰三角形形状的填充色设置为"白色"，取消形状轮廓，选择等腰三角形和矩形两个形状，单击鼠标右键，在打开的快捷菜单中选择"组合"选项，将选择的形状组合为一个新形状，效果如图5-14所示。

（7）选择标题幻灯片，单击"设计"选项卡，在该选项卡中单击"背景"按钮下方的下拉按钮，在打开的下拉列表中选择"背景"选项，然后在右侧弹出的"对象属性"窗格中选中"隐藏背景图形"复选框，隐藏幻灯片的背景和图形效果。插入图片"图书馆.jpg"（配套资源：素材\第5章\实验三\图书馆.jpg），调整图片大小，然后选择图片，在"图片工具"选项卡中单击"裁剪"按钮下方的下拉按钮，在打开的下拉列表中选择"裁剪"选项，再在打开的子列表中选择"按比例裁剪"选项，然后选择"16：9"选项。

（8）单击"裁剪"按钮，按选择的比例裁剪图片，将图片移动到合适位置，然后在图片上方绘制一个与图片相同大小的矩形，取消矩形的轮廓，在"对象属性"窗格中选择"形状选项"选项卡，单击"填充"选项，在"填充"栏中选中"渐变填充"单选按钮，设置渐变样式、角度、色标颜色、位置、透明度、亮度等，如图5-15所示。

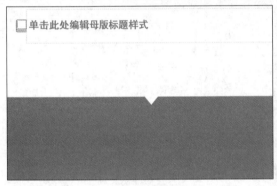

图5-14　绘制三角形形状

图5-15　设置形状选项

（9）选择矩形形状，单击"绘图工具"选项卡中的"下移一层"按钮下方的下拉按钮，在打开的下拉列表中选择"置于底层"选项，将形状置于底层。使用相同的方法将图片置于最底层，然后设置标题占位符和副标题占位符的格式。

（10）选择节标题版式，在"对象属性"窗格中选中"隐藏背景图形"复选框，隐藏幻灯片的背景和图形效果，复制母版版式中合并的新形状，粘贴到该节标题版式中，并调整到合适的高度。

（11）选择形状，在"对象属性"窗格中的"形状选项"选项卡中选择"效果"选项卡，单击"阴影"按钮，对阴影效果进行设置，如图5-16所示。

（12）退出幻灯片母版视图，查看设计的幻灯片母版效果，如图5-17所示。

图5-16　设置形状阴影效果

图5-17　查看母版效果

（13）在第1张幻灯片的占位符中输入相应的文本并将文本调整到合适的位置，选择椭圆形状，按住"Shift"键绘制一个正圆，将颜色和轮廓均设置为"水绿色"。

（14）单击"绘图工具"选项卡中的"形状效果"按钮，在打开的下拉列表中选择"阴影"选项，在打开的子列表中选择外部栏的"右下斜偏移"选项，在"对象属性"窗格中的"形状选项"选项卡中对阴影效果进行设置。

（15）将正圆形状复制粘贴，并置于合适的位置，然后修改正圆形状上占位符中的文本。

（16）在"幻灯片"浏览窗格中的第1张幻灯片下方单击"新建幻灯片"按钮，在打开的下拉列表中选择"节标题"选项。

（17）新建节标题版式的幻灯片，在幻灯片占位符中输入相应的文本内容，设置占位符位置和格式，然后绘制一个小矩形形状，取消颜色填充，将轮廓填充为白色，轮廓粗细设置为"2.25磅"。

（18）复制标题占位符，粘贴到小矩形上方和右边，更改文本内容，并对字体格式进行设置，然后选择小矩形和两个占位符，复制粘贴到其他位置，对占位符中的内容进行修改，完成第2张幻灯片的制作，效果如图5-18所示。

（19）新建一张"仅标题"版式的幻灯片，插入"堆叠列表"样式的智能图形，如图5-19所示。

图5-18　第2张幻灯片效果

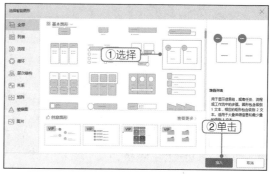

图5-19　插入智能图形

（20）在文本编辑区中输入文本内容，并将智能图形中的正圆填充为"水绿色"，轮廓设置为"白色"，轮廓粗细设置为"3磅"。

（21）插入"图片1.jpg"（配套资源：素材\第5章\实验三\图片1.jpg），裁剪图片到合适大小，并放置到适当位置，效果如图5-20所示。

（22）复制第3张幻灯片，更改标题文本，删除智能图形，插入"图片2.jpg"（配套资源：素材\第5章\实验三\图片2.jpg），裁剪图片到合适大小，并放置到适当位置，最后添加需要的形状和文本。

（23）选择图片，为其添加图片边框和阴影效果，如图5-21所示。

（24）新建标题和内容版式幻灯片，输入标题，插入5行5列的表格，在表格单元格中输入相应的文本，设置文本字体格式和对齐方式，调整第1列的列宽。

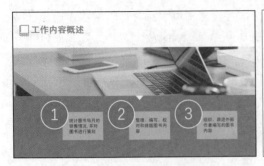

图5-20　绘制形状并填充图片

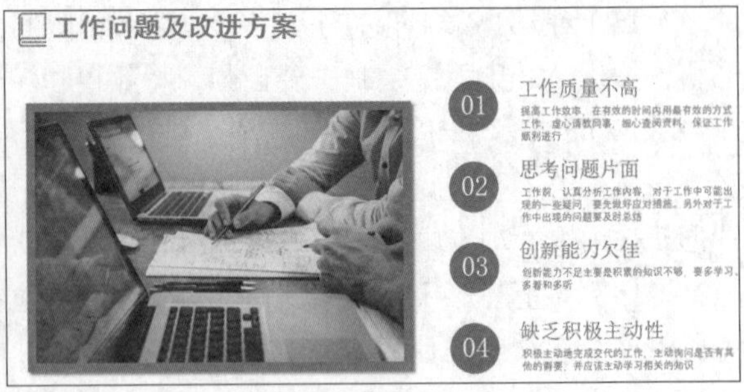

图5-21　设置图片阴影效果

（25）选择表格中第2列至第5列单元格，单击“表格工具”中的“平均分布各列”按钮，平均分布所选列的列宽。选择第1行，将底纹填充为“水绿色”；选择第2行至第5行，将底纹填充为“白色”；选择第2行至第5行，在“表格样式”选项卡中的“笔颜色”下拉列表中选择“水绿色”，在“表格样式”选项卡中单击“边框”下拉按钮，在打开的下拉列表中选择“内部横框线”选项，如图5-22所示。完成后的表格效果如图5-23所示。

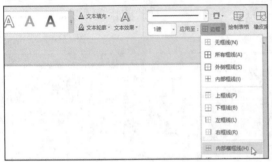

图5-22　设置表格内部框线

	第一季度	第二季度	第三季度	第四季度
策划图书	4	6	5	8
编写图书	1	2	2	1
校对和排版图书	2	4	3	2
兼职作者创作图书	3	5	2	4

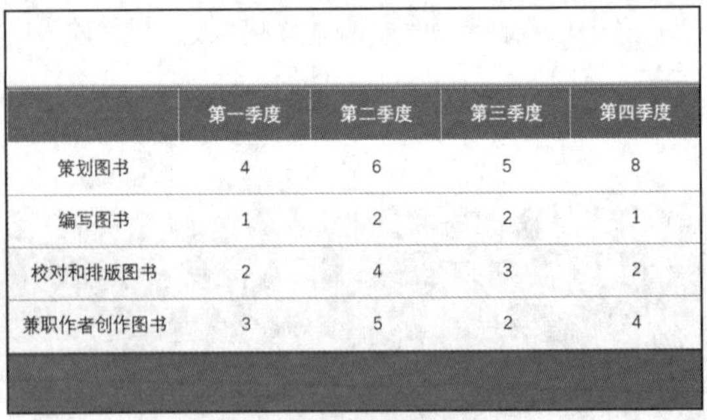

图5-23　完成后的效果

（26）选择整个表格，在“表格样式”选项卡中单击“效果”按钮，在打开的下拉列表中选择“阴影”选项，在打开的子列表中选择“居中偏移”选项，为表格添加阴影效果，如图5-24所示。

（27）新建标题和内容版式的幻灯片，输入标题，插入簇状柱形图，在“图表工具”选项卡中选择“编辑数据”按钮，在系统自动打开的WPS表格文档中输入图表要体现的数据，如图5-25所示。

图5-24　设置表格阴影效果

E5　1800

	A	B	C	D	E
1		第一季度	第二季度	第三季度	第四季度
2	计算机图书	1500	1800	2500	2000
3	社科类图书	2000	2200	2700	1950
4	工具类图书	1250	1500	2000	1800
5	经管类图书	1300	1600	2300	1800
6					
7					

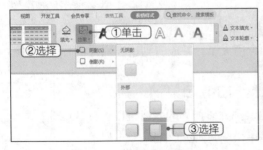

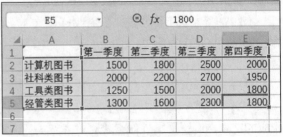

图5-25　输入图表数据

（28）关闭WPS表格文档，加粗显示图表中的文本，将字号设置为"16"，将图例和横坐标轴文本的颜色设置为"白色"。

（29）选择图表，单击"图表工具"选项卡中的"添加元素"按钮，在打开的下拉列表中选择"数据标签"选项，在打开的子列表中选择"数据标签外"选项，为数据系列添加数据标签。

（30）通过"添加元素"下拉列表取消图表的主要纵向坐标轴和主轴主要水平网格线，单击选择图表中的"第一季度"数据系列，单击"绘图工具"选项卡中的"填充"下拉按钮，在打开的下拉列表中选择"白色，背景色1"选项，将数据系列填充为白色，如图5-26所示。

（31）保持数据系列的选中状态，为数据系列添加阴影效果，使用相同的方法为其他数据系列添加相同的阴影效果，完成本例的制作，如图5-27所示（配套资源：效果\第5章\实验三\工作总结.dps）。

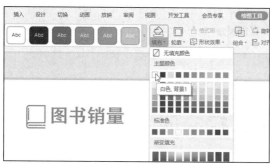

图5-26　设置填充颜色　　　　　　　　　图5-27　数据系列最终效果

（五）实验练习

编辑"职位职责.dps"演示文稿，参考效果如图5-28所示，操作提示如下。

（1）打开"职位职责.dps"演示文稿（配套资源：素材\第5章\实验三\职位职责.dps），设置第1张幻灯片中副标题文本为"填充-矢车菊蓝，着色1，阴影"艺术字样式。

（2）在第2张幻灯片中添加智能图形"结构组织图"，并更改智能图形的颜色，删除和添加形状，并应用"标准"的组织结构布局图样式。

（3）在第2张幻灯片中插入形状"燕尾形"，取消形状的边框，并将形状水平翻转。单击"编辑形状"按钮，在打开的下拉列表中选择"编辑顶点"选项，适当调整形状样式。在右侧窗格中填充图片"图片3.jpg"（配套资源：素材\第5章\实验三\图片3.jpg），并添加"内部居中"阴影，置于幻灯片右侧。

（4）在第3张幻灯片中插入形状"菱形"，填充图片"图片4.jpg"（配套资源：素材\第5章\实验三\图片4.jpg），并将其置于底层。

（5）选择第4张幻灯片，添加图表"三维簇状柱形图"，编辑数据并设置快速样式为"样式2"，添加和去除各种图表元素，完成后保存文件（配套资源：效果\第5章\实验三\职位职责.dps）。

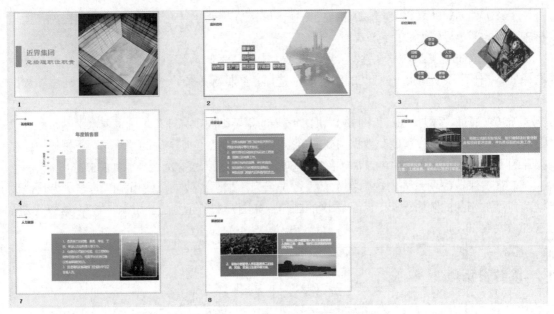

图5-28 "职位职责"演示文稿参考效果

实验四 为"庆典策划"演示文稿添加动画效果

（一）实验学时

2学时。

（二）实验目的

◇ 掌握在幻灯片中添加动画的方法。

◇ 掌握在幻灯片中插入多媒体文件的方法。

（三）相关知识

1. 动画设计技巧

（1）动画制作的基本原则。动画制作应遵循宁缺毋滥、繁而不乱、突出重点、适当创新4大基本原则。

（2）封面页动画效果。封面页通常采用叠影字动画效果、飞驰穿越动画效果和逐个放大动画效果。

（3）目录页动画效果。目录页一般采取同时显示或逐个显示两种方式来展示演示文稿框架内容。

（4）内容页动画效果。内容页动画效果的设计涉及文本、形状、表格、图表和图片等对象。内容页动画效果的设计思路没有固定模式，但用户应当以内容为依据，有的放矢。

（5）结束页动画效果。结束页主要用于对观众表示感谢和致意，如添加"谢谢观看""再见"之类的文本，或是展示公司的Logo和理念。若是表示感谢，应选择自然、流畅、平静和舒缓的动画效果；若是展示公司的Logo和理念，则应将动画效果设置得更加生动活泼。

2. 插入多媒体文件

（1）插入音频文件。选择幻灯片，在"插入"选项卡中单击"音频"按钮，在打开的下拉列表中选择插入音频文件的方式。用户也可直接在"音频库"中在线搜索更多音频。

（2）插入视频文件。选择幻灯片，在"插入"选项卡中单击"视频"按钮，在打开的下拉列表中选择插入视频文件的方式。用户也可在"开场动画视频"中根据视频模板直接制作视频。

（四）实验实施

下面为"庆典策划.dps"演示文稿设置动画效果，具体操作如下。

（1）打开"庆典策划.dps"演示文稿（配套资源：素材\第5章\实验四\庆典策划.dps），为第1张幻灯片中"任意多边形5"形状应用"飞入"进入动画，为文本框应用"百叶窗"进入动画，如图5-29所示。

（2）为第2张幻灯片中的"开业庆典活动方案"文本框应用"升起"进入动画，为剩余的文本框应用"棋盘"进入动画。为最后一张幻灯片中的文本框应用"陀螺旋"强调动画并进行设置，如图5-30所示。

微课：为"庆典策划"演示文稿添加动画效果的具体操作

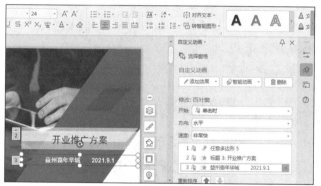

图5-29 添加"百叶窗"动画效果

图5-30 添加并设置"陀螺旋"动画效果

（3）设置第1张幻灯片的第2个动画的开始为"上一动画之后"，速度为"中速"，第3个动画的方向为"水平"，如图5-31所示。

（4）为第1张幻灯片添加"擦除"→"右上"的切换动画效果，为剩余的幻灯片添加"抽出"→"从左"的切换动画效果。

（5）为第3张幻灯片设置"打字机"切换声音，并修改幻灯片的切换效果为"形状，菱形"，如图5-32所示。为第10张幻灯片设置"鼓掌"切换声音。

（6）选择第2张幻灯片，在"插入"选项卡中单击"音频"按钮，在打开的下拉列表中选择"嵌入音频"选项。打开"插入音频"对话框，在地址栏中选择文件存储位置，然后选择"背景音乐.mp3"音频文件（配套资源：素材\第5章\实验四\背景音乐.mp3），单击"打开"按钮。

图5-31　设置动画效果

图5-32　设置切换动画效果

（7）拖曳音频图标至幻灯片右下角，然后在"音频工具"选项卡中单击"音量"按钮，在打开的下拉列表中选择"中"选项，单击选中"放映时隐藏"和"循环播放，直至停止"复选框，如图5-33所示。

（8）选择第9张幻灯片，在"插入"选项卡中单击"视频"按钮，在打开的下拉列表中选择"嵌入本地视频"选项。打开"插入视频"对话框，在地址栏中选择文件存储位置，然后选择"宣传视频.wmv"视频文件（配套资源：素材\第5章\实验四\宣传视频.wmv），单击"打开"按钮，插入视频文件。

（9）调整插入视频的大小和位置，在"视频工具"选项卡中单击"音量"按钮，在打开的下拉列表中选择"中"选项，单击选中"全屏播放"复选框，效果如图5-34所示。完成后保存文件（配套资源：效果\第5章\实验四\庆典策划.dps）。

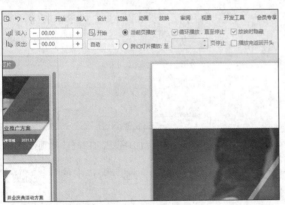

图5-33　设置音频

图5-34　插入视频的效果

（五）实验练习

为"旅游产品开发策划"演示文稿添加不同的动画效果，参考效果如图5-35所示，操作提示如下。

（1）打开"旅游产品开发策划.dps"演示文稿（配套资源：素材\第5章\实验四\旅游产品开发策划.dps），选择第1张幻灯片，在幻灯片中插入音频文件"背景音乐2.mp3"（配套资源：素材\第5章\实验四\背景音乐2.mp3），将音频图标移至页面右上角，裁剪音频，并设置音量为"低"，设置音频为循环播放，并单击"设为背景音乐"按钮。

（2）选择第5张幻灯片，在幻灯片中插入视频文件"宣传片.mp4"（配套资源：素材\第5章\实验四\宣传片.mp4），调整视频大小至适合幻灯片中手机屏幕的大小，裁剪视频结束时间为"06:10.000"。

（3）为幻灯片应用任意不同的切换效果，并设置其效果选项。

（4）为幻灯片中的元素设置动画效果，完成后保存文件（配套资源：效果\第5章\实验四\旅游产品开发策划.dps）。

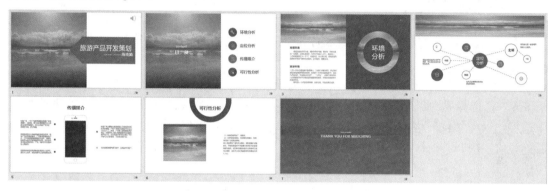

图5-35　"旅游产品开发策划"演示文稿参考效果

实验五　为"企业资源分析"演示文稿添加交互效果

（一）实验学时

2学时。

（二）实验目的

◇　掌握设置动作按钮的方法。

◇　掌握设置超链接的方法。

（三）相关知识

1. 添加动作按钮

在幻灯片中创建动作按钮后，可设置动作按钮为单击或经过该动作按钮时快速切换到上一张幻灯片、下一张幻灯片或第一张幻灯片。

选择要添加动作按钮的幻灯片，在"插入"选项卡中单击"形状"按钮，在打开的下拉列表中选择"动作按钮"栏的第5个选项，当鼠标指针变为"+"形状时，在幻灯片右下角空白位置按住鼠标左键不放并拖曳鼠标指针，绘制一个动作按钮，绘制完成后系统会自动打开"动作设置"对话框。在对话框中单击选中"超链接到"单选按钮，在下方的下拉列表中选择"幻灯片"选项，打开"超链接到幻灯片"对话框，在对话框中设置单击鼠标时执行的操作，如链接到其他幻灯片、演示文稿或运行程序等。

2. 创建超链接

在幻灯片编辑区选择要添加超链接的对象，然后在"插入"选项卡中单击"超链接"按钮，打开"插入超链接"对话框，在对话框左侧的"链接到"栏中选择所需链接方式，在中间栏中按需求进行设置，完成后单击"确定"按钮，为选择的对象添加超链接效果。放映幻灯片时，单击添加超链接的对象，可快速跳转至所链接的页面或程序。

（四）实验实施

下面为"企业资源分析"演示文稿添加交互效果，主要涉及超链接和动作按钮方面的知识，具体操作如下。

（1）打开"企业资源分析.dps"演示文稿（配套资源：素材\第5章\实验五\企业资源分析.dps），选择第2张幻灯片。在"插入"选项卡中单击"形状"按钮，在打开的下拉列表中选择"动作按钮"栏的第5个选项，在右下角依次插入"动作按钮：开始""动作按钮：后退或前一项""动作按钮：前进或下一项""动作按钮：结束"动作按钮，效果如图5-36所示。

（2）选择"动作按钮：开始"动作按钮，单击"插入"选项卡中的"动作"按钮，打开"动作设置"对话框，选择"鼠标单击"选项卡，选中"播放声音"复选框，在下拉列表中选择"电压"选项，单击"确定"按钮，如图5-37所示。使用相同的方法设置"动作按钮：结束"动作按钮的播放声音为"鼓掌"。

图5-36　插入动作按钮的效果

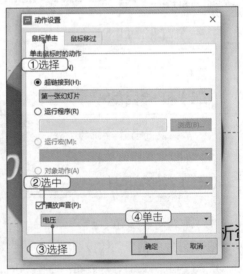

图5-37　设置动作按钮的播放效果

（3）在"绘图工具"选项卡中设置4个动作按钮的高度为"1厘米"，宽度为"2厘米"，对齐方式为"垂直居中"和"横向分布"。

（4）在"对象属性"窗格中的"形状选项"选项卡中选择"效果"选项卡，单击"柔化边缘"按钮，设置"柔化边缘"的大小为10磅，在"线条与填充"选项卡中设置透明度为"80%"，然后将这4个动作按钮复制到除第1张幻灯片外的其他幻灯片中。

（5）选择第2张幻灯片的"Part1"文本框，单击"插入"选项卡中的"超链接"下拉按钮，在打开的下拉列表中选择"本文档幻灯片页"选项，打开"插入超链接"对话框，在"请选择文档中的位置"列表中选择"3.幻灯片 3"选项，将其链接到第3张幻灯片，单击"超链接颜色"按钮，设置超链接颜色为"深灰绿，着色3"，并单击选中"链接无下画线"单选按钮，依次单击"应用到当前"和"确定"按钮。

（6）将"Part2"文本框链接到第4张幻灯片、"Part3"文本框链接到第5张幻灯片、"Part4"文本框链接到第6张幻灯片，并设置不同的链接颜色，完成后保存文件（配套资源：效果\第5章\实验五\企业资源分享.dps）。

（五）实验练习

为"楼盘项目介绍"演示文稿添加动作按钮和超链接的交互效果，参考效果如图5-38所示，操作提示如下。

（1）打开"楼盘项目介绍.dps"演示文稿（配套资源：素材\第5章\实验五\旅游产品开发策划.dps），选择第3张幻灯片，在右下角插入"动作按钮：第一张"动作按钮，设置"柔化边缘"的大小为15磅，设置透明度为"35%"，然后将该动作按钮链接到"第2张幻灯片"。

（2）将动作按钮复制到除第1张和第2张幻灯片外的其他幻灯片中。

（3）选择第2张幻灯片，分别为"项目介绍""项目周边配套""项目优势及机会""项目户型"4个文本框设置超链接，分别链接到第3张、第4张、第5张和第6张幻灯片，超链接颜色为"白色"，单击选中"链接无下画线"单选按钮，完成后保存文件（配套资源：效果\第5章\实验五\旅游产品开发策划.dps）。

图5-38 "楼盘项目介绍"演示文稿参考效果

实验六　放映和输出"产品销售报告"演示文稿

（一）实验学时

2学时。

（二）实验目的

◇ 掌握放映设置的相关操作。

◇ 掌握放映演示文稿的方法。

◇ 掌握输出演示文稿的方法。

◇ 掌握打印演示文稿的方法。

（三）相关知识

1. 放映设置

在WPS演示中，用户可以设置不同的幻灯片放映方式，如演讲者放映（全屏幕）、展台自动循环放映（全屏幕），以满足不同场合的放映需求。

（1）演讲者放映（全屏幕）。演讲者放映（全屏幕）是默认的放映类型，将以全屏幕的形式放映演示文稿。在演示文稿放映过程中，演讲者具有完全的控制权，可手动切换幻灯片和动画效果，也可暂停演示文稿并添加细节等，还可以在放映过程中录制旁白。

（2）展台自动循环放映（全屏幕）。此类型是较简单的一种放映类型，不需要人为控制，系统将自动全屏循环放映演示文稿。使用这种方式放映幻灯片时，不能通过单击鼠标切换幻灯片，但可以通过单击幻灯片中的超链接和动作按钮切换幻灯片，按"Esc"键可结束放映。

设置幻灯片放映方式时，需要单击"放映"选项卡中的"放映设置"按钮，打开"设置放映方式"对话框，在"放映类型"栏中单击选中相应的单选按钮，选择相应的放映类型，设置完成后单击"确定"按钮。"设置放映方式"对话框中各项设置的功能如下。

① 设置放映类型。在"放映类型"栏中单击选中相应的单选按钮，可为幻灯片设置相应的放映类型。

② 设置放映选项。在"放映选项"栏中单击选中"循环放映，按'Esc'键终止"复选框可设置循环放映，在该栏中还可设置绘图笔颜色。在"绘图笔颜色"下拉列表中选择一种颜色，在放映幻灯片时，就可使用该颜色的绘图笔在幻灯片上写字或做标记。

③ 设置放映幻灯片。在"放映幻灯片"栏中可设置需要放映的幻灯片数量，可以选择放映演示文稿中所有的幻灯片，或手动输入放映开始和结束的幻灯片页数。

④ 设置换片方式。在"换片方式"栏中可设置幻灯片的切换方式，单击选中"手动"单选按钮，在演示过程中将需要手动切换幻灯片及演示动画效果；单击选中"如果存在排练时间，则使用它"单选按钮，演示文稿将按照幻灯片的排练时间自动切换幻灯片和动画，但是如果没有已保存的排练时间，即使单击选中该单选按钮，放映时还是需要以手动方式控制。

2. 放映演示文稿

演示文稿放映包括开始放映和切换放映等操作。

（1）开始放映。开始放映演示文稿的方法有3种：①在"放映"选项卡中单击"从头开始"按钮或按"F5"键，将从第1张幻灯片开始放映；②在"放映"选项卡中单击"从当前开始"按钮或按"Shift+F5"组合键，将从当前选择的幻灯片开始放映；③单击状态栏上的"幻灯片放映"按钮，将从当前幻灯片开始放映。

（2）切换放映。在放映需要讲解和介绍的演示文稿时，如课件类、会议类演示文稿，经常需要切换到上一张或下一张幻灯片，此时就需要使用幻灯片放映的切换功能。切换放映操作包括切换到上一张幻灯片、切换到下一张幻灯片等。

在幻灯片放映过程中有时需要对某一张幻灯片进行更多的说明和讲解，此时可以暂停该幻灯片的放映，暂停放映可以直接按"S"键或"+"键，也可在需暂停的幻灯片中单击鼠标右键，在弹出的快捷菜单中选择"暂停"命令。

3. 输出演示文稿

WPS演示中输出演示文稿的操作主要包括打包和转换。打包演示文稿后，将其复制到其他计算机中，即使该计算机没有安装WPS Office，也可以播放该演示文稿。另外，也可将演示文稿转换为PDF文件，再进行播放。

4. 打印演示文稿

演示文稿不仅可以现场演示，还可以打印在纸张上，手执演讲或分发给观众作为演讲提示等。选择"文件"→"打印"→"打印"命令，打开"打印"对话框，在对话框中可设置演示文稿的打印份数、打印范围等。

（四）实验实施

下面将放映、输出和打印"产品销售报告.dps"演示文稿，具体操作如下。

（1）打开"产品销售报告.dps"演示文稿（配套资源：素材\第5章\实验六\产品销售报告.dps），单击"放映"选项卡中的"自定义放映"按钮，打开"自定义放映"对话框，单击"新建"按钮，打开"定义自定义放映"对话框，选择演示文稿中的第2张和第3张幻灯片，单击"添加"按钮，如图5-39所示。依次单击"定义自定义放映"对话框中的"确定"按钮和"自定义放映"对话框中的"关闭"按钮，如图5-40所示。

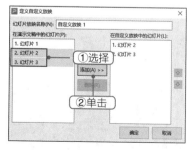

图5-39　添加自定义放映的幻灯片

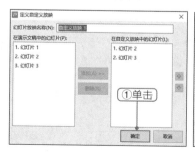

图5-40　单击"确定"和"关闭"按钮

（2）单击"放映"选项卡中的"放映设置"按钮，打开"设置放映方式"对话框，在"放映选项"栏中选中"循环放映，按ESC键终止"复选框，在换片方式栏中选中"手动"单选按钮，单击"确定"按钮，如图5-41所示。

（3）按"F5"键放映幻灯片，放映到第2张幻灯片时，单击鼠标右键，在弹出的快捷菜单中选择"墨迹画笔"→"荧光笔"选项；再次单击鼠标右键，在弹出的快捷菜单中选择"墨迹画笔"→"绘制形状"→"波浪线"选项，如图5-42所示，最后保存文件（配套资源：效果\第5章\实验六\产品销售报告.dps）。

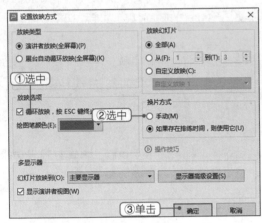

图5-41　设置放映方式

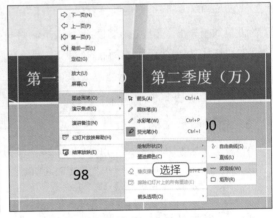

图5-42　设置墨迹画笔

（4）选择"文件"→"输出为PDF格式"命令，将演示文稿转换为PDF文档；选择保存的目录后单击"开始输出"按钮，如图5-43所示（配套资源：效果\第5章\实验六\产品销售报告.pdf）。

（5）通过"文件"→"文件打包"→"打包成文件夹"命令将演示文档打包成文件夹，如图5-44所示（配套资源：效果\第5章\实验六\产品销售报告\）。

（6）选择"文件"→"打印"命令，打开"打印"对话框，设置打印范围为"当前幻灯片"、打印份数为"1"。

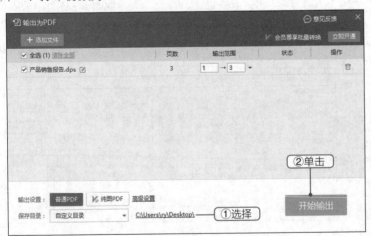

图5-43　将演示文稿转换为PDF文档

图5-44　将演示文稿打包

（五）实验练习

1. 放映并打印"年度销售计划"演示文稿

将对"年度销售计划"演示文稿进行放映并打印，参考效果如图5-45所示，操作提示如下。

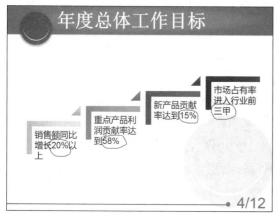
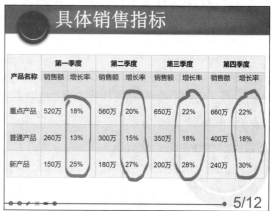

图5-45　放映并打印"年度销售计划"演示文稿参考效果

（1）打开"年度销售计划.dps"演示文稿（配套资源：素材\第5章\实验六\年度销售计划.dps），将放映类型设置为"演讲者放映（全屏幕）"。

（2）从第1张幻灯片开始放映，并通过"查看所有幻灯片"方式跳转幻灯片。

（3）为第4张幻灯片的工作目标添加红色"圆珠笔"注释，为第5张幻灯片的销售增长率添加蓝色"荧光笔"注释。

（4）保存注释内容，退出放映。

（5）以每张纸打印2张幻灯片的方式，横向打印演示文稿。

2. 导出并打印"入职培训"演示文稿

对"入职培训"演示文稿进行导出和打印操作，操作提示如下。

（1）打开"入职培训.dps"演示文稿（配套资源：素材\第5章\实验六\入职培训.dps），将所有幻灯片导出为PNG格式的图片（配套资源：效果\第5章\实验六\入职培训\）。

（2）将演示文稿打包成压缩文件，文件名称保持默认（配套资源：效果\第5章\实验六\入职培训.zip）。

（3）将演示文稿导出为PDF文件，文件名称保持默认，范围为全部，且包括墨迹标记（配套资源：效果\第5章\实验六\入职培训.pdf）。

（4）将演示文稿打包成文件夹（配套资源：效果\第5章\实验六\入职培训2\）。

（5）打印幻灯片。将所有的幻灯片整页打印1份，纵向打印备注页幻灯片，打印2张讲义幻灯片。

第6章
计算机网络基础

配套教材的第7章介绍了计算机网络的基础知识，并且着重介绍了局域网与Internet的相关知识，对信息安全也做了简单介绍。本章将介绍接入计算机网络、使用Microsoft Edge浏览网页并保存图片、使用百度搜索"计算机技术"和使用Windows 10 "邮件"程序发送邮件4个实验任务。通过对这4个实验任务的学习，学生能够掌握利用Internet实现网上办公和学习的方法。

实验一　接入计算机网络

（一）实验学时

2学时。

（二）实验目的

◇ 掌握ADSL拨号接入网络的操作方法。
◇ 掌握无线接入Internet的操作方法。

（三）相关知识

1. ADSL 拨号接入方式

非对称式数字用户线路（Asymmetric Digital Subscriber Line，ADSL）接入方式，指用户直接利用现有的电话线作为数据传输的介质进行上网。它适用于家庭、个人等用户的大多数网络应用。

（1）ADSL上网硬件准备。使用ADSL技术可以充分地利用现有的电话线网络，用户在上网的同时也可拨打电话，二者互不影响。要使用ADSL接入Internet，必须具备一些硬件条件，如一个ADSL分离器、一个ADSL调制解调器（Modem）、一台个人计算机、两根电话线和一根网线。

（2）硬件连接。准备好ADSL上网硬件设备后，还必须使用电话线和网线将所需的硬件设备连接起来。具体方法：首先将用户的电话线连接到ADSL分离器上，然后将ADSL分离器中"Phone"端口的电话线连接到电话机的插孔中，并将ADSL分离器中"Modem"端口的电话线连接到ADSL调制解调器的"Line"插孔；然后将网线的一端插入ADSL调制解调器的"Ethernet"插孔，将ADSL Modem的电源线一端插入"Power"插孔，另一端接电源；最后将网线的另一端连接到计算机网卡对应的插孔上。

2．无线上网的3种方式

无线上网是通过无线传输介质（如红外线和无线电波）来接入Internet。通俗地说，只要上网终端（如笔记本电脑、智能手机等）没有连接有线线路，都称为无线上网。无线上网主要有以下3种方式。

（1）通过无线网卡、无线路由器上网。笔记本电脑一般配置了无线网卡，通过无线路由器把有线信号转换成Wi-Fi信号，再连入Internet，从而让笔记本电脑也拥有上网功能。这也是普通家庭常见的无线上网方式。

（2）通过无线网卡在网络覆盖区上网。在无线上网的网络覆盖区，如机场、超市等公共场所，无线网卡能够自动搜索出Wi-Fi网络，选择可接入的网络即可连接到Internet。

（3）通过无线上网卡上网。无线上网卡相当于调制解调器，通过它可在无线电话信号覆盖的地方利用手机的智能卡（Subscriber Identification Module，SIM）连接到Internet，而上网费用计入SIM卡中。由于使用无线上网卡上网方便、简单，因此现在很多台式计算机也在使用无线上网卡上网。无线上网卡有通用串行总线（Universal Serial Bus，USB）接口和个人计算机内存卡国际联合会（Personal Computer Memory Card International Association，PCMCIA）接口两种。

3．其他Internet接入方式

除了ADSL拨号上网和无线上网，接入Internet的方式还有以下3种。

（1）DDN专线接入。数字数据网（Digital Data Network，DDN）是随着数据通信业务发展而迅速发展起来的一种新型网络。DDN的主干网传输介质有光纤和电磁波等，用户端多使用普通电缆和双绞线。DDN将数字通信技术、计算机技术、光纤通信技术、数字交叉连接技术有机地结合在一起，提供了高速度、高质量的通信环境，可以向用户提供点对点、点对多点透明传输的数据专线出租电路，为用户传输数据、图像、声音等信息，速度越快租金越高。

（2）光纤接入。光纤通信系统的出口带宽通常在10Gbit/s以上，适用于各类局域网的接入。光纤通信具有容量大、质量高、性能稳定、防电磁干扰、保密性强等优点。光纤宽带网以2Mbit/s～10Mbit/s作为最低标准接入用户家中，光纤用户端要有一个光纤收发器和一个路由器。

（3）有线电视网接入。线缆调制解调器（Cable Modem）是近两年开始试用的一种超高速Modem，它利用现有的有线电视网传输数据，已是比较成熟的一种技术。线缆调制解调器集调制解调器、调谐器、加/解密设备、桥接器、网络接口卡、虚拟专网代理和以太网集线器的功能于一身。它无须拨号上网，不占用电话线，可提供随时在线的永久连接。服务商的设备同用户的调制解调器之间建立了一个虚拟专网连接，线缆调制解调器提供一个标准的10BaseT或10/100BaseT以太网接口与用户的PC设备或以太网集线器相连。

4. 网络常见问题和解决方式

目前大多数拨号上网的用户安装的都是Windows系统。下面将列出一些导致网络缓慢的常见问题及解决方法。

（1）网络自身的问题。网络缓慢可能是要连接的目标网站所在的服务器带宽不足或负载过大造成的。解决办法很简单，就是换个时间段登录或换个目标网站。

（2）网线问题导致网速变慢。双绞线一般是由两条相互绝缘的导线按严格的规定紧密地缠绕在一起的，用于减少串扰和背景噪声的影响。若网线不按正确标准（T586A、T586B）制作，将存在很大的隐患。常出现的情况有两种：一是刚开始使用时网速就很慢；二是开始网速正常，但过一段时间后网速变慢，这在台式计算机上表现非常明显，但使用笔记本电脑检查网速却表现为正常。解决方法为一律按T586A、T586B标准压制网线，在检测故障时不用笔记本电脑代替台式计算机。

（3）网络中存在回路导致网速变慢。在一些较复杂的网络中，经常有多余的备用线路，无意间连上时会构成回路。为避免这种情况发生，在铺设网线时一定要养成良好的习惯，给网线打上明显的标签，有备用线路的地方要做好标记。当出现上述情况时，一般采用分区分段逐步排除的方法。

（4）系统资源不足。这可能是计算机加载了太多的应用程序在后台运行。解决办法是合理地加载软件或删除无用的程序及文件，将系统资源空出，以达到提高网速的目的。

（四）实验实施

1. ADSL 拨号接入 Internet

下面根据Internet服务提供商（Internet Service Provider，ISP）提供的账号与密码创建一个宽带连接，具体操作如下。

（1）建立拨号连接。打开"网络和共享中心"窗口，通过"设置连接或网络"对话框设置用户名和密码，将计算机连接到Internet并测试Internet连接，如图6-1所示。

微课：ADSL 拨号接入 Internet 的具体操作

（2）断开网络。通过任务栏的"网络"图标断开网络连接。

（3）重新拨号上网。通过"网络"图标打开网络连接列表，选择相应的选项，在弹出的文本框中输入密码，单击"下一步"按钮，重新连接到Internet，如图6-2所示。

2. 无线接入 Internet

下面练习无线接入Internet，具体操作如下。

（1）硬件连接。将电话线接头插入调制解调器的"Line"接口，使用网线连接调制解调器的"LAN"接口和无线路由器的"WLAN"接口，并使用无线路由器的电源线连接电源接口和电源插座，使用网线连接无线路由器的"1"～"4"接口中的任意一个接口和计算机主机上的网卡接口，完成硬件设备的连接操作，示意图如图6-3所示。

（2）打开路由器。打开调制解调器和无线路由器的电源，并启动计算机。打开Microsoft Edge浏览器，打开路由器的管理界面。

（3）设置路由器。通过"设置向导"设置上网方式为"PPPoE ADSL虚拟拨号"，然后设置账号和密码，再设置无线网络名称和密码，最后重启路由器。

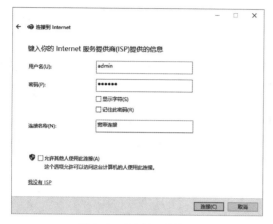

图6-1　建立拨号连接

图6-2　重新拨号上网

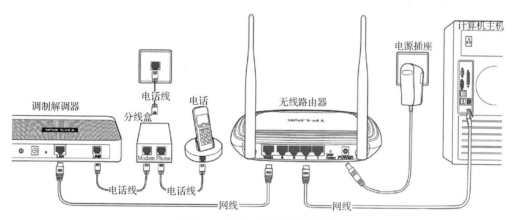

图6-3　无线路由器硬件连接示意

（4）设置接入无线网络设备的数量。进入路由器的管理界面，单击"无线MAC地址过滤"超链接，然后设置MAC地址过滤，再输入MAC地址，最后设置启用过滤，让添加的设备接入无线网络，而其他设备则无法进入该无线网络。

（5）设置接入无线网络设备的带宽。打开路由器的管理界面，在界面左侧单击"IP带宽控制"超链接，打开"IP带宽控制"界面。先在界面中开启IP带宽控制，然后设置控制带宽的IP地址范围，如192.168.1.100～192.168.1.103，再设置带宽大小，最后设置其他各项。

（6）设置ARP绑定。打开路由器的管理界面，在界面左侧单击"IP与MAC绑定"超链接，打开"静态ARR绑定设置"界面，先在其中输入MAC地址和IP地址，然后启用并保存绑定设置。

（7）将计算机连接到无线网络。启动计算机，单击任务栏右下角的"网络"图标，在打开的对话框中选择无线网络，再在弹出的文本框中输入无线网络登录密码，然后进行连接，连接成功后的显示情况如图6-4所示。

（8）将移动设备连接到网络。打开手机，单击"设置"图标，选择"WLAN"选项，开启WLAN，选择无线网络，输入登录密码，验证身份，完成无线网络连接，如图6-5所示。

图6-4 将计算机连接到无线网络　　　　　　图6-5 将移动设备连接到网络

（五）实验练习

对无线路由器进行设置，以实现无线上网。操作提示如下。

（1）启动Microsoft Edge浏览器，在地址栏输入路由器的地址"192.168.1.1"（以具体型号的路由器说明为准）并按"Enter"键，打开路由器的登录界面。

（2）输入用户名和密码，单击"登录"按钮，在打开的界面中单击"快速配置"选项卡，打开"设置向导"对话框，单击"下一步"按钮。

（3）打开"接口模式设置"对话框，选择接口和数量，单击"下一步"按钮。

（4）在打开的对话框中设置连接方式为"PPPoE拨号"，然后在相应文本框中输入宽带账号和宽带密码，单击"下一步"按钮。

（5）打开"无线设置"界面，在"无线名称"和"无线密码"文本框分别输入无线网络的名称和密码，单击"完成"按钮。

（6）设置完成后，单击桌面任务栏通知区域中的网络图标，在打开的界面中将显示计算机搜索到的无线网络，找到设置的无线网络名称，单击展开后选中"自动连接"复选框，单击"连接"按钮，再输入设置的网络安全密钥，单击"下一步"按钮，即可连接网络。

实验二　使用Microsoft Edge浏览网页并保存图片

（一）实验学时

2学时。

（二）实验目的

◇ 掌握Microsoft Edge浏览器的使用方法。

（三）相关知识

用户使用Microsoft Edge浏览器的最终目的是浏览Internet的信息，并实现信息交换。Microsoft Edge浏览器作为Windows操作系统集成的浏览器，其功能十分强大。例如，用户可使用Microsoft Edge浏览器浏览网页、保存网页中的资料、查看历史记录等。

（四）实验实施

下面将使用Microsoft Edge浏览器浏览网页并保存图片，具体操作如下。

（1）启动Microsoft Edge浏览器，在地址栏中输入搜索文本"成都"，按"Enter"键，在打开的网页中将显示相关搜索结果。大家可根据搜索结果的提示信息单击相应的超链接，随之将打开新的网页。

（2）大家在新打开的网页中可查看详细内容，如需要保存网页中的内容，可选择需要的文本内容，单击鼠标右键，在弹出的快捷菜单中选择"复制"命令，再在WPS文字中按"Ctrl+V"组合键可将已复制的文本内容粘贴到文档中进行保存。

（3）在打开的页面中的搜索框下方单击"图片"超链接，可打开一个与"成都"关键词相关的网页，如图6-6所示。

图6-6　打开的新网页

（4）在浏览器窗口中单击"设置及其他"按钮，在打开的面板中选择"新建标签页"选项，新建一个标签页，在地址栏中输入相应的网址，然后在打开的网页中单击任意一个超链接，设置其在新窗口打开，最后为浏览器设置新标签页打开方式为"热门站点"，效果如图6-7所示。

（5）在浏览器窗口中单击"设置及其他"按钮，在打开的面板中选择"新建InPrivate窗口"选项，打开"InPrivate"窗口。在地址栏中输入需要浏览的网址，单击"前往"按钮，即可打开与输入网址对应的网页，如图6-8所示。

图6-7 通过"标签页"浏览新网页 图6-8 使用InPrivate 窗口浏览网页

（6）将鼠标指针移动至需要下载的图片上，单击"下载原图"图标，即可将该图片下载到浏览器默认的本地计算机文件夹中。也可以在需要下载的图片上单击鼠标右键，在弹出的快捷菜单中选择"将图像另存为"命令，打开"另存为"对话框，设置保存位置和文件名，单击"保存"按钮，如图6-9所示。

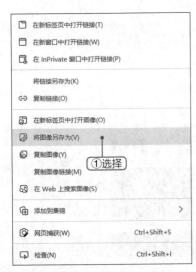

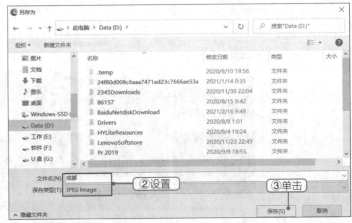

图6-9 在网页中下载图片

（五）实验练习

使用Microsoft Edge浏览器搜索所需的范文和图片，操作提示如下。

（1）启动Microsoft Edge浏览器，在百度首页搜索框中输入关键词，这里输入"WPS"，单击"百度一下"按钮，在打开的网页中将显示相关搜索结果。

（2）根据搜索结果的提示信息单击相应的超链接，随之将打开新的网页，根据需要再次单击相应的超链接。

（3）在新打开的网页中查看详细内容，选择需要的文本内容进行保存。

（4）在网页中的图片上单击鼠标右键，在弹出的快捷菜单中选择"将图像另存为"命令，打开"另存为"对话框，设置保存位置和文件名，单击"保存"按钮。

微课：使用 Microsoft Edge 浏览器搜索内容的具体操作

实验三　使用百度搜索"计算机技术"

（一）实验学时

2学时。

（二）实验目的

◇　了解搜索引擎的相关知识。

◇　掌握搜索资源的方法。

（三）相关知识

1. 什么是搜索引擎

搜索引擎是根据一定的策略、运用特定的计算机程序从Internet上搜集所需的信息，对信息进行组织和处理后，为用户提供检索服务，并将检索的相关信息展示给用户的系统。对普通用户来说，搜索引擎会提供一个包含搜索框的页面，用户在搜索框中输入要查询的内容后通过浏览器提交给搜索引擎，搜索引擎将根据用户输入的内容返回相关内容的信息列表。搜索引擎一般由搜索器、索引器、检索器、用户接口组成。

2. 设置多个关键词搜索

通过关键词搜索是用户常用的搜索方式，而且所有的搜索引擎都支持关键词搜索。关键词的描述越具体越好，否则搜索引擎将反馈大量无关的信息。在使用关键词时，关键词应尽量是一个名词、一个短语或一个短句。用户也可使用多个关键词（不同关键词之间用一个空格隔开）进行搜索。使用多个关键词可以缩小搜索范围，使搜索结果更精确。

例如，只输入关键词"手机"，搜索结果将显示与手机相关的多条信息，但不够精确；若输入两个关键词"手机"和"联想"，则搜索结果将只显示与联想手机相关的信息。

3. 高级语法搜索

为了更精确地获取搜索目标，百度还支持一些高级语法搜索，下面进行详细介绍。

（1）把搜索范围限定在网页标题中。网页标题通常是对网页内容提纲挈领式的归纳。把搜索范围限定在网页标题中，就是把查询内容中特别关键的部分用"intitle:"连接起来，且"intitle:"和后面的关键词之间不能有空格。例如，查找李白的诗词，可以输入"诗词intitle:李白"。

（2）把搜索范围限定在特定站点中。如果用户知道某个站点中有需要查找的内容，就可以把搜索范围限定在这个站点中，以提高查询效率。把搜索范围限定在这个站点中，就是在查询内容的后面加上"site:站名"，且"site:"和站名之间不能有空格，其后的站名也不要带"http://"。例如使用天空网下载360安全卫士的最新版本，就可以输入"360安全卫士site:sky**.com"。

（3）把搜索范围限定在url链接中。网页url中的某些信息有时是很有价值的。把搜索范围限定在url链接中，就是在"inurl:"后加上需要在url中出现的关键词，且"inurl:"和后面的关键词之间不能有空格。例如查找网页制作技巧，就可以输入"网页制作inurl:技巧"。

（4）把搜索范围限定在指定文档格式中。很多有价值的资料，有些以普通网页的形式存在，有些则以Word、PowerPoint、PDF等文档形式存在。百度支持对Office文档（包括Word、Excel、PowerPoint）、Adobe PDF文档、RTF文档进行全文搜索。因此，要搜索这类文档，只需在查询内容后加上"filetype:文档格式"，将搜索范围限定在指定的文档格式中即可。该类搜索支持的文档格式有BDF、DOC、XLS、PPT、RTF等，如输入"photoshop实用技巧filetype:doc"。

4. 搜索技巧

要在海量的网络资源中精确查找所需的信息，首先应根据需求选择拥有相应功能优势的搜索引擎，然后可使用相应的搜索技巧。下面介绍几种基本的搜索技巧。

（1）使用多个关键词。一般使用多个关键词的搜索效果会比使用单一关键词更好，但应避免大而空的关键词。

（2）改进搜索关键词。有些用户搜索一次后，没有得到自己想要的结果，于是放弃继续搜索。其实经过一次搜索后，返回的结果中通常会有一些有价值的内容。因此，用户可先设计一个关键词进行搜索，若搜索结果中没有满意的结果，可从搜索结果页面寻找相关信息，并再次设计一个或多个更精准的关键词进行搜索，这样重复搜索后，就可设计出更适合的关键词，最终得到较满意的搜索结果。

（3）使用自然语言搜索。进行搜索时，与其输入不合语法的关键词，不如输入一句自然的提问，如输入"搜索技巧"的效果就不如输入"如何提高搜索技巧？"如下。

（4）小心使用布尔运算符。大多数搜索引擎都允许使用布尔运算符（and、or、not）限定搜索范围，使搜索结果更精确。但布尔运算符在不同搜索引擎中的使用方法略有不同，且使用布尔运算符时，可能会错过许多其他的影响因素。因此，用户在使用布尔运算符之前，应该明确所使用的搜索引擎对于布尔运算符的使用方法是如何规定的，确定不会用错，否则最好不要使用。

（5）分析并判断搜索结果。要准确地获取所需的搜索信息，除了设计合理的搜索请求，还应对搜索结果的标题和网址进行分析判断。某些网站为了特殊的目的，用热门的信息或资源引诱用户访问相关页面，但会在页面中植入广告或病毒。因此，学会对搜索结果进行甄别，选择准确可信的搜索结果非常重要。一般建议选择官网或信誉好的门户网站。

（6）培养适合自己的搜索习惯。搜索能力可以通过实践来提高。大家应多多练习，学会思考、学会总结，培养适合自己的高效的搜索习惯，提高搜索能力。

（四）实验实施

百度的搜索结果是以超链接和链接说明的形式提供的，用户可以通过对比来选择最适合的搜索结果，并通过单击相应的超链接进行详细浏览。下面将使用百度搜索"计算机技术"，具体操作如下。

（1）启动Microsoft Edge浏览器，在打开的起始主页"好123"中单击"百度"的网址超链接，也可直接在地址栏中输入"百度"的网址。

（2）在打开的"百度"页面的搜索框中输入关键词，这里输入文本"计算机技术"。在搜索框的下方将显示与输入内容相同或相似的条目，此时可直接选择下方的相关条目，也可以直接单击"百度一下"按钮。

（3）在打开的网页中将列出与搜索内容相关的网站信息，这里直接在列出的相关信息中单击"计算机技术-百度百科"超链接。

（4）在打开的网页中即可看到搜索项的相关内容和信息，如图6-10所示。

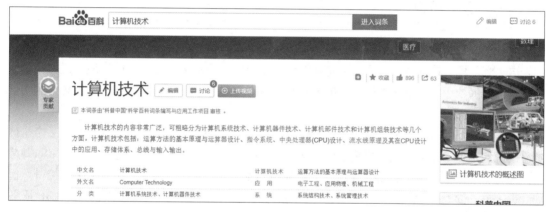

图6-10　查看搜索结果

（五）实验练习

1. 使用搜索引擎进行简单搜索

用百度搜索"足球"，操作提示如下。

（1）打开"百度"，在搜索框内输入"足球"，单击"百度一下"按钮。

（2）在打开的网页中将显示与"足球"相关的各类网站信息，用户可根据需要单击所需的超链接查看信息。

2. 使用搜索引擎进行精确搜索

在百度中设置高级搜索参数，操作提示如下。

（1）在上面打开的搜索页面的右上角单击"高级搜索"超链接，或在地址栏中输入百度高级搜索的网址，在打开的页面中设置高级搜索参数。

（2）在打开的网页中将根据已设置的高级搜索参数列出更符合要求的搜索结果，这里单击"世界杯足球直播网"超链接。

（3）在打开的网页中即可查看与搜索内容相关的信息，也可在网页上方的导航条中单击相应的超链接，详细查看每个标题下的具体信息。

实验四　使用Windows 10的"邮件"程序发送邮件

（一）实验学时

2学时。

（二）实验目的

◇　了解电子邮件的基本操作。

◇　掌握Windows 10中邮件的发送方法。

（三）相关知识

1. 认识电子邮箱与电子邮件

电子邮件即"E-mail"，是一种通过网络实现异地之间快速、方便、可靠地传送和接收信息的现代化通信手段。电子邮件是在Internet中传递信息的重要载体之一，它改变了传统的书信交流方式。

发送电子邮件时必须知道收件人的电子邮箱地址。Internet中的每个电子邮箱都有一个全球唯一的邮箱地址。通常，电子邮箱地址的格式为"user@mail.server.name"。其中，"user"是用户账号，"mail.server.name"是电子邮件服务器域名，"@"（音为"at"）是连接符。例如"wangfang@***.com"，"wangfang"是收件人的用户账号，"***.com"是电子邮件服务器域名。

电子邮箱的用户账号是注册时用户自己设置的名字，可使用小写英文、数字、下画线（下画线不能在首尾），不能用特殊字符，如#、*、$、?、^、%等，其长度应为4～16个字符。

2. 电子邮件的一些基本操作

使用电子邮件时涉及以下几种基本操作。

（1）回复邮件。阅读完邮件后，单击邮件上方的"回复"按钮，系统将自动在打开的邮件编辑窗口中填写收件人的地址和邮件主题。在邮件正文区中输入邮件内容后，单击"发送"按钮即可回复邮件。如果需要对群发邮件进行全部回复，可单击"回复全部"按钮回复这封件的所有收件人。

（2）转发邮件。阅读完邮件后，单击邮件上方的"转发"按钮，系统将自动在打开的邮件编辑窗口中引用原邮件的内容，用户在"收件人"文本框中输入收件人地址后，单击"发送"按钮即可转发邮件。

（3）删除邮件。邮箱的空间有限，应定期删除一些不需要的邮件。在相应的邮件列表中单击选中要删除邮件前面的复选框，单击"删除"按钮即可将邮件移动到已删除的邮件列表中。在已删除的邮件列表中单击选中要删除邮件前面的复选框，单击"彻底删除"按钮可将其彻底删除。

（4）群发邮件。若需给多个收件人发送相同的邮件，可使用群发邮件功能。在撰写邮件时，在"收件人"文本框中输入多个收件人的邮箱地址即可。不同的邮箱地址应用分号隔开。

（5）拒收垃圾邮件。在电子邮箱主界面上方选择"设置"/"邮箱设置"命令，在打开的设置编辑窗口中单击"反垃圾/黑白名单"选项卡，在该选项卡的右侧根据需要设置反垃圾规则、添加黑名单和白名单，完成后单击"保存"按钮。

（四）实验实施

Windows 10自带了"邮件"程序，基本能满足用户日常的电子邮件发送要求。本例将先设置邮件账户名称、邮件签名等信息，然后发送"放假通知"邮件，具体操作如下。

微课：使用 Windows 10 的"邮件"程序发送邮件的具体操作

（1）打开"开始"菜单，在列表中选择"邮件"选项，启动"邮件"程序。单击"开始使用"按钮，在打开的界面中选择账户，然后单击"准备就绪"按钮。

（2）登录到邮箱，在其中可查看收件箱中的邮件，在左下方单击"设置"按钮，在打开的窗格中选择"管理账户"选项卡。

（3）打开"管理账户"窗格，在其中选择当前账户，在打开的"账户设置"对话框的"账户名称"文本框中输入新名称，然后单击"保存"按钮。

（4）此时即可看到邮件账户的名称发生了改变，单击"返回"按钮，返回"设置"窗格，在其中选择"签名"选项。打开"签名"窗格，在"使用电子邮件签名"开关按钮上单击，使其处于"开"状态，在其下的文本框中输入签名内容，然后单击"保存"按钮，如图6-11所示。

（5）在"邮件"窗口左侧单击"新邮件"选项，进入邮件编辑窗口，在"收件人"文本框中输入收件人的地址。

（6）在"主题"文本框中输入主题内容，然后在下方输入邮件内容，选择内容后，单击"字体"按钮，在打开的列表中设置字体和字号。

（7）单击"插入"选项卡，在其中单击"文件"按钮，打开"打开"对话框，在其中选择要插入邮件的文件，然后单击"打开"按钮。

（8）此时即可将选择的文件插入邮件中，并显示在主题的下方，单击"发送"按钮，如图6-12所示。

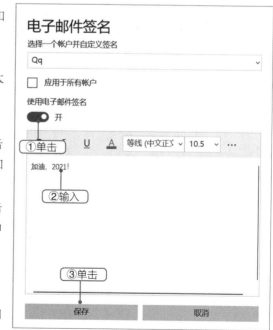

图6-11　修改电子邮件签名

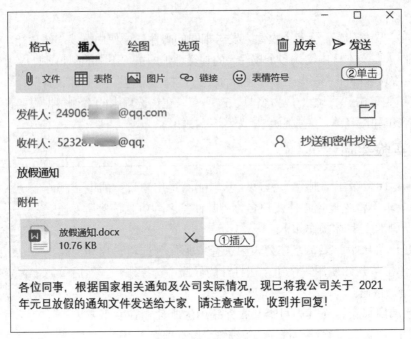

图6-12 发送邮件

（五）实验练习

使用"邮件"程序发送一封感谢信邮件，操作提示如下。

（1）在"邮件"窗口中单击"新邮件"按钮，在打开的窗口中设置邮件内容，完成后单击"发送"按钮。

（2）返回"邮件"窗口，单击"已发送邮件"选项，在窗口右侧查看已经发送过的邮件。

CHAPTER

第 7 章

网页设计与制作

配套教材的第8章主要讲解了网页设计与制作的相关知识。本章将介绍创建并管理站点、使用DIV+CSS制作网站首页、制作用户登录页面3个实验任务。通过对这3个实验任务的学习，学生能够掌握设计与制作网页的基本方法。

实验一　创建并管理站点

（一）实验学时

2学时。

（二）实验目的

◇　掌握制作网站的基本流程。
◇　掌握Dreamweaver CC的基本操作方法。

（三）相关知识

1. 制作网站的基本流程

制作网站的基本流程包括6大步骤，下面进行详细介绍。

（1）网站的分析与策划。网站的分析与策划是制作网页的基础。在确定要制作网页后，应该先对网页进行准确的定位，以确保网页的设计效果和功能水平。其涉及的内容包括网站的主题和定位，网站的目标、内容与形象规划，素材和内容收集，网站的风格定位及网站推广等。

（2）网页效果图设计。网页效果图设计与传统的平面设计相同，通常使用Photoshop进行界面设计，利用Photoshop制作多元化的效果图，然后对图像进行切片并导出为网页。

（3）创建并编辑网页文档。完成前期的准备工作后，就可以启动Dreamweaver CC进行网页的初步设计了。此时应该先创建管理资料的场所——站点，并对站点进行规划，确定站点的结构，包括并列、层次、网状等结构，可根据实际情况选择。然后在站点中创建需要的文件和文件夹，并对页面中的内容进行填充和编辑，丰富网页中的内容。

（4）优化与加工网页文档。为了增加网页被浏览者搜索到的概率，更完整地体现和发挥网站的功能，还需要适时地对网站进行优化。网站优化包含的内容很多，如搜索关键字的优化、使网站导航更加清晰、完善在线帮助功能等。

（5）测试并发布HTML文档。完成网页的制作后，还需要对站点进行测试并发布。站点测试可根据浏览器种类、客户端要求及网站大小等进行测试。通常先将站点移到一个模拟调试服务器上，再对其进行测试或编辑。

（6）网站的更新与维护。将站点上传到服务器后，需要每隔一段时间就对站点中的某些页面进行更新，保持网站内容的新鲜度以吸引更多的浏览者。此外，应定期打开浏览器检查页面元素和各种超链接是否正常，以防止存在死链接的情况。最后，还需要检测后台程序是否已被黑客篡改或侵入，以便及时修正。

2. 网页中常用的图像格式

在网页中插入图像时，一定要考虑图像的大小和图像质量的高低，应在保证网页传输速率的情况下，压缩图像的大小。目前网页支持的图像格式主要有GIF、JPEG（JPG）和PNG3种。

（四）实验实施

本例要为宝莱灯饰公司制作电子商务网站，创建站点，然后对站点进行编辑。下面主要制作网站需要的网页文件和文件夹，具体操作如下。

（1）启动Dreamweaver CC，选择"站点"→"新建站点"命令，打开"站点设置对象未命名站点2"对话框。

（2）在"站点名称"文本框中输入站点名称，这里输入"dengshi"，单击对话框中的任意位置，确认站点名称的输入，此时对话框的名称会随之改变。在"本地站点文件夹"文本框后单击"浏览文件夹"按钮，打开"选择根文件夹"对话框。

（3）在"选择根文件夹"对话框中选择存放站点的路径，这里选择"dengshi"文件夹，然后单击"选择文件"按钮。

（4）返回"站点设置对象"对话框，选择左侧的"高级设置"选项卡，展开其下的列表，选择"本地信息"选项。然后在右侧的"Web URL"文本框中输入网址，单击选中"区分大小写的链接检查"复选框，单击"保存"按钮。

（5）稍后在面板组的"文件"面板中即可查看创建的站点。然后在"站点-dengshi"选项上单击鼠标右键，在弹出的快捷菜单中选择"新建文件"命令。

（6）此时新建文件的名称呈可编辑状态，输入"index.html"后按"Enter"键确认。

（7）继续在"站点-dengshi"选项上单击鼠标右键，在弹出的快捷菜单中选择"新建文件夹"命令。

（8）将新建的文件夹重命名为"gybaolai"，按"Enter"键确认。

（9）按相同的方法在创建的"gybaolai"文件夹上利用鼠标右键快捷菜单创建4个网页文件和1个文件夹。其中，4个网页文件的名称依次为"qijj.html""qywh.html""ppll.html""fzlc.html"；文件夹的名称为"img"，用于存放图像。

（10）在"gybaolai"文件夹上单击鼠标右键，在弹出的快捷菜单中选择"编辑"→"拷贝"命令。

（11）继续在"站点-dengshi"选项上单击鼠标右键，在弹出的快捷菜单中选择"编辑"/"粘贴"命令；在粘贴得到的文件夹上单击鼠标右键，在弹出的快捷菜单中选择"编辑"→"重命名"命令。

（12）输入新的名称"syzs"，按"Enter"键打开"更新文件"对话框，单击"更新"按钮。

（13）修改"syzs"文件夹中前两个文件的名称，然后在按住"Ctrl"键的同时选择剩下的两个文件，单击鼠标右键，在弹出的快捷菜单中选择"编辑"→"删除"命令。

（14）在打开的提示对话框中单击"是"按钮确认删除文件。使用相同的方法新建"sjspt"文件夹，然后在其中创建一个"img"文件夹和"sjspt"文件。

（五）实验练习

为"花火植物"网站创建并规划站点，先规划站点结构，明确站点每部分的分类及分类文件夹中的页面，然后在Dreamweaver CC中进行站点、文件、文件夹的创建与编辑，参考效果如图7-1所示，操作提示如下。

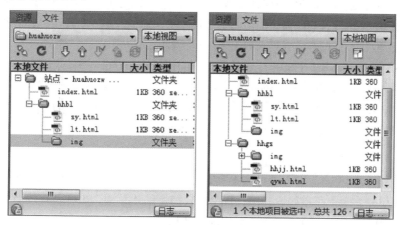

图7-1 "花火植物"站点参考效果

（1）启动Dreamweaver CC，选择"站点"→"新建站点"命令，新建"huahuozw"站点。

（2）在"文件"面板中新建"index.html"网页文件和"hhbl"文件夹，在"hhbl"文件夹中新建"sy.html""lt.html"网页文件和"img"文件夹。

（3）复制并粘贴"hhbl"文件夹，将文件夹名称重命名为"hhgs"，并修改网页文件的名称为"hhjj.html"和"qywh.html"。

实验二　使用DIV+CSS制作网站首页

（一）实验学时

2学时。

（二）实验目的

◇ 掌握CSS的使用方法。
◇ 掌握DIV+CSS的网页布局方法。

（三）相关知识

1. 认识 CSS

层叠样式表（Cascading Style Sheets，CSS）是一种用来表现HTML和XML等文件样式的计算机语言。CSS是标准的布局语言，用于为HTML文档定义布局，如控制元素的尺寸、颜色、排版等，其解决了内容与表现分离的问题。

（1）CSS的特点。如果在网页中手动设置每个页面的文本格式，操作会变得十分麻烦，并且还会增加网页中的重复代码，不利于网页的修改和管理，也不利于加快网页的读取速度，而使用CSS可以避免这些问题。CSS具有以下特点：源代码更容易管理、能提高读取网页的速度、将样式分类使用、能共享样式设定、能进行冲突处理。

（2）基本语法规则。每条CSS样式都包含选择器（选择符）和声明两部分规则。选择器就是用于选择文档中应用样式的元素，而声明则是属性及属性值的组合。每个样式表都是由一系列的规则组成的，但并不是每条样式规则都出现在样式表中。

（3）CSS样式表的类型。CSS样式表包含类、ID、标签和复合内容4种类型。

（4）创建样式表。在Dreamweaver中，CSS样式按照使用方法分为内部样式和外部样式。如果是将CSS样式创建到网页内部，可以选择创建内部样式，但创建的内部样式只能应用到一个网页文档中；如果想在其他网页文档中应用，则可创建外部样式。

2. 认识 DIV

DIV（Divsion）区块，也可以称为容器，在Dreamweaver中使用DIV的方法与使用其他HTML标签的方法一样。在布局设计中，DIV承载的是结构，而CSS可以有效地对页面中的布局、文本等进行精确控制。DIV+CSS完美实现了结构和表现的结合，对于传统的表格布局是一个很大的冲击。

（1）DIV+CSS布局模式。DIV+CSS布局模式是根据CSS规则中涉及的边界（margin）、边框（border）、填充（padding）、内容（content）建立的一种网页布局方法。

（2）插入DIV元素。在Dreamweaver CC中插入DIV元素的方法相当简单，定位插入点后，选择"插入"→"Div"命令或"插入"→"结构"→"Div"命令，打开"插入Div"对话框，设置Class和ID名称等，然后单击"确定"按钮即可。

（四）实验实施

1. 制作"style.css"样式表

网页设计中一些比较规则或元素较为统一的页面，可使用CSS样式来控制页面风格，减少重复工作量。下面制作一个名为"style.css"的样式表文件，以便于网站中的其他文件调用。

（1）新建一个HTML空白网页，选择"窗口"→"CSS设计器"命令，打开"CSS设计器"

面板。在"源"列表右侧单击"添加CSS源"按钮,在打开的下拉列表中选择"创建新的CSS文件"选项,打开"创建新的CSS文件"对话框。在"文件/URL"文本框后单击"浏览"按钮。

(2)打开"将样式表文件另存为"对话框,在"保存在"下拉列表中选择保存路径,在"文件名"文本框中输入CSS文件的名称,这里输入"style.css",单击"保存"按钮。

(3)返回"创建新的CSS文件"对话框,可在"文件/URL"文本框中查看创建的CSS文件,其他保持默认设置。单击"确定"按钮,在"源"列表中可看到创建的CSS文件。

(4)切换到"代码"视图,在<head></head>标签中自动生成链接新建的CSS样式文件的代码。在"源"列表中选择添加的源,在"选择器"列表的右侧单击"添加选择器"按钮,可在"选择器"列表中添加空白文本框,此时只需在该空白文本框中输入选择器名称,这里输入并选择"#all",在"属性"列表中可看到关于设置"#all"的所有属性。

(5)在"属性"列表的按钮栏中单击"布局"按钮,在下方的列表中将显示关于设置布局的属性,设置宽(width)属性为"931px"、高(height)属性为"800px"、最小高度(min-height)属性为"0px"、边框(margin)属性为"0auto"。

(6)继续在"选择器"列表的右侧单击"添加选择器"按钮,在其中添加一个选择器"#top",然后使用相同的方法设置CSS属性,如图7-2所示。

(7)使用相同的方法创建"top X"选择器,并设置CSS属性,如图7-3所示。

(8)继续使用相同的方法创建其他选择器,并设置CSS属性,如图7-4所示。

图7-2 创建并设置"#top"选择器

图7-3 创建并设置"top X"选择器

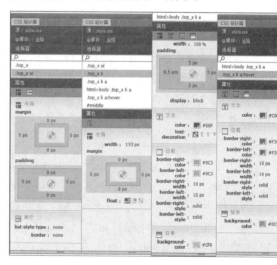

图7-4 创建并设置其他选择器

(9)设置各属性后,代码文档中会自动生成相应的属性代码,完成后按"Ctrl+S"组合键以"index"为名进行保存(配套资源:效果\第7章\实验二\style.css)。

2. 制作"花火植物家居馆"网站首页

使用DIV+CSS可以精确地对网页进行布局设计。本例采用DIV+CSS来设计"花火植物家居馆"网站首页，设计时先创建DIV，然后在其中进行布局设计，最后通过CSS样式进行美化设计，具体操作如下。

（1）在Dreamweaver CC中新建"index"网页文件，然后将插入点定位到网页文件的空白区域中，按"Shift+F11"组合键，打开"CSS设计器"面板，在"源"面板中单击"添加CSS源"按钮，在打开的下拉列表中选择"创建新的CSS文件"选项。

（2）打开"创建新的CSS文件"对话框，在"文件/URL"文本框后单击"浏览"按钮，打开"将样式表文件另存为"对话框。在"保存在"下拉列表中选择保存位置，然后在"文件名"文本框中输入CSS文件的名称"hhzwjjgsy"，最后单击"保存"按钮。

（3）返回到"创建新的CSS文件"对话框中，在"文件/URL"文本框中可看到创建的CSS文件，单击"确定"按钮。返回到网页文件中，在"源"列表中可看到创建的CSS文件，然后选择"插入"→"结构"→"Div"命令，打开"插入Div"对话框。在"ID"下拉列表中输入"all"，单击"确定"按钮，即可在网页文件中插入ID属性为"all"的DIV元素。

（4）删除插入的DIV元素中的文本内容，在"插入"面板中选择"结构"选项，切换到结构分类列表中；然后单击"页眉"按钮，打开"插入Header"对话框，在"Class"下拉列表中输入"header"，最后直接单击"确定"按钮，插入Header元素。

（5）使用插入DIV元素和Header元素的方法，在Header元素下方插入一个名为"container"的DIV元素和Footer元素。切换到"代码"视图中，查看Dreamweaver CC中自动生成的标签代码，然后将各标签代码中的文本内容删除。

（6）在"CSS设计器"面板中的"源"面板中选择"hhzwjjgsy.css"选项，然后在"选择器"面板右侧单击"添加选择器"按钮，并在添加的文本框中输入"#all"，最后使用相同的方法添加其他的选择器，分别为".header"".container"".footer"。

（7）在"选择器"面板下方选择"#all"选择器，然后在"属性"面板下方单击"布局"按钮，最后设置宽（width）、高（height）、边框（margin）和浮动（float）分别为"1920px""2000px""0px""Left"。

（8）继续在"选择器"面板中选择".header"选择器，然后在"属性"面板中设置宽（width）、高（height）、边框（margin）和浮动（float）分别为"1920px""630px""0px""Left"。

（9）使用相同的方法为".container"设置宽（width）、高（height）和浮动（float）分别为"1920px""1270px""Left"；为".footer"设置宽（width）、高（height）、浮动（float）和背景颜色（background-color）分别为"1920px""100px""Left""#b4b4b4"。

（10）将插入点定位到<header></header>元素之间，在其中插入一个DIV，将其名称更改为"dl"。选择"插入"→"结构"→"项目列表"命令，插入ul元素，再执行3次"选择'插入'→'结构'→'列表项'命令"操作，输入相关文本。使用相同的方法添加一个名为"bz"的DIV，在其中插入相关的图像。

（11）将插入点定位到"bz"DIV标签后，插入NAV标签，并将插入点定位到<nav></nav>标签之间；然后插入列表元素并添加内容，添加的所有元素及内容都会在"代码"视图中生成相应的代码；最后再添加一个名为"banner"的DIV，并在其中添加相关的内容。

（12）在"CSS设计器"面板的"选择器"面板下添加".dl"和".dl ul li"选择器，并分别为其设置属性，如图7-5所示。

（13）继续使用相同的方法分别为".bz"".dh"".dh ul li"".banner"选择器设置相关的属性，如图7-6所示。

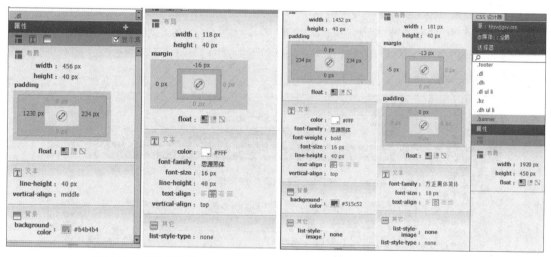

图7-5　设置相关属性1　　　　　　图7-6　设置相关属性2

（14）将插入点分别定位到"container"和"footer"DIV中，然后在其中添加相关的标签代码和内容，如图7-7所示。

（15）使用前面介绍的方法在"CSS设计器"面板中添加相关的选择器，然后在"属性"面板中设置相关的属性，如图7-8所示（配套资源：效果\第7章\实验二\index.html）。

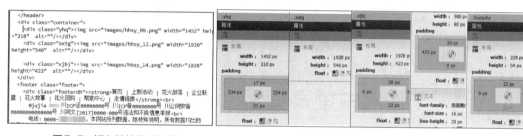

图7-7　插入相关代码标签　　　　　　图7-8　设置相关属性3

（五）实验练习

利用素材文件（配套资源：素材\第7章\实验二\image\）为某网站制作"产品展示"网页，该网面主要用于展示网站的产品，并对产品进行分类，以便于浏览者浏览。参考效果如图7-9所示，操作提示如下。

（1）新建一个空白文档，然后将其以"cpzs.html"为名进行保存，选择"插入"→"Div"命令。

（2）打开"插入Div"对话框，在其中的"ID"下拉列表中输入"all"文本，单击"新建CSS规则"按钮。

（3）打开"新建CSS规则"对话框，直接单击"确定"按钮，打开"#all的CSS规则定义"

对话框，在其中进行相应的设置。

（4）单击"确定"按钮返回"插入Div"对话框，单击"确定"按钮，即可在网页中插入一个1 920px×5 230px的DIV标签。

（5）使用相同的方法在DIV标签中继续插入其他的DIV标签，并设置相应的属性。

（6）将插入点定位到相应的DIV标签中，在其中插入需要的图片素材和文本素材。

（7）通过"CSS设计器"面板设置相关的DIV标签中内容的CSS属性。

（8）完成后按"Ctrl+S"组合键保存文档，然后按"F12"键预览网页效果（配套资源：效果\第7章\实验二\cpzs.html）。

图7-9 "产品展示"网页参考效果

<h1>实验三 制作用户登录页面</h1>

（一）实验学时

2学时。

（二）实验目的

◇ 掌握使用表单制作网页的方法。

（三）相关知识

（1）表单的组成元素。在网页中，组成表单样式的各个元素称为域。在Dreamweaver CC的"插入"面板的"表单"，列表中可以看到表单中的所有元素。

（2）HTML中的表单。在HTML中，表单是使用<form></form>标签表示的，并且表单中的各种元素都必须存在于该标签之间。

（四）实验实施

为了更好地和用户进行沟通，加强对用户的管理，网站设计者通常会设置用户登录页面，用于收集用户信息。下面通过表单制作"植物网登录"网页，具体操作如下。

微课：制作"植物网登录"网页

（1）启动Dreamweaver CC，打开"hhzwdl"网页（配套资源：素材\第7章\实验三\hhzwdl.html），将插入点定位到网页中间名为"middle"的DIV标签中。选择"插入"→"表单"→"表单"命令，此时插入点处将显示边框为红色虚线的表单区域。

（2）在"选择器"中选择"middle"选项，在"属性"列表中设置文本样式为思源黑体、16px、居中对齐，行高为50px。

（3）在"选择器"中选择"form1"选项，在"属性"列表中设置"margin-top"为"60px"。

（4）将插入点定位到表单区域，在"插入"面板的"表单"列表中选择"文本"选项，此时将在表单中添加一个"文本"表单元素；最后在"选择器"中新建一个"#textfield"选择器，并设置宽、高分别为"218px"和"40px"，背景图片为"hhzwdl_03"（配套资源：素材\第7章\实验三\images\hhzwdl_03.png）。

（5）在"设计"界面中删除文本内容，然后选择"文本"表单元素，在"属性"面板中单击选中"Auto Focus"和"Required"复选框。

（6）按"Enter"键换行，在"插入"面板的"表单"列表中选择"密码"选项，在表单中创建一个密码元素，在"选择器"中新建一个"#password"CSS样式，设置宽、高分别为"218px"和"40px"，背景图片为"hhzwdl_06"（配套资源：素材\第7章\实验三\images\hhzwdl_06.jpg）。

（7）在"设计"界面中选择"密码"表单元素的文本内容部分，并将其删除。

（8）按"Enter"键换行，在"插入"面板的"表单"列表中选择"图像按钮"选项，打开"选择图像源文件"对话框，在其中选择"hhzwdl_08"图像（配套资源：素材\第7章\实验三\images\hhzwdl_08.png）。

（9）单击"确定"按钮，返回"设计"界面即可看到添加的图像按钮，按"Enter"键换行，在"插入"面板中选择"复选框"选项，然后将添加的"复选框"表单元素的文本内容修改为"记住密码"。

（10）按7次"Ctrl+Shift+Space"组合键输入7个空格，然后输入"忘记密码？"文本，在"属性"面板中的"链接"下拉列表中输入"#"；再按7次"Ctrl+Shift+Space"组合键，使用相同的方法插入一个图像按钮。

（11）按"Ctrl+S"组合键保存网页，然后按"F12"键预览效果，完成登录页面的制作，参考效果如图7-10所示（配套资源：效果\第7章\实验三\hhzwdl.html）。

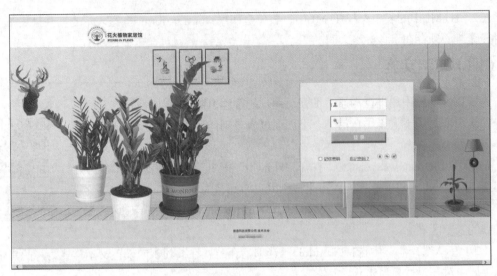

图7-10 "植物网登录"网页参考效果

（五）实验练习

使用表单功能制作"用户注册"网页，并实现网页交互功能，参考效果如图7-11所示，操作提示如下。

（1）打开"gsw_zc"网页文件（配套资源：素材\第7章\实验三\gsw_zc.html），在其中创建一个表单。

（2）向其中添加相关的表单元素，并设置其参数。

（3）保存网页并预览效果（配套资源：效果\第7章\实验三\gsw_zc.html）。

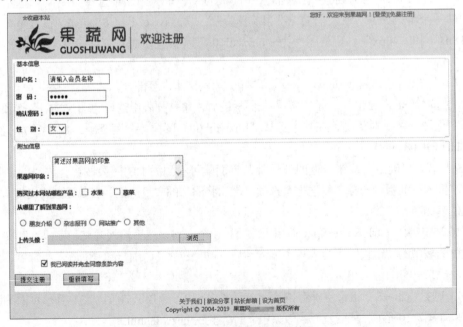

图7-11 "用户注册"网页参考效果

第**8**章

数据库技术基础

配套教材的第9章主要讲解了数据库的基础知识。本章将介绍安装MySQL数据库、创建"公司管理"数据库和"员工档案"数据表、向"员工档案"数据表中插入数据并查询3个实验任务。通过对这3个实验任务的学习，学生能够掌握MySQL数据库的使用方法。

实验一 安装MySQL数据库

（一）实验学时

2学时。

（二）实验目的

◇ 了解MySQL数据库的版本。
◇ 掌握MySQL数据库的安装方法。

（三）相关知识

MySQL数据库的版本有企业版（MySQL Enterprise Edition）、标准版（MySQL Standard Edition）、经典版（MySQL Classic Edition）、集群版（MySQL Cluster CGE）和社区版（MySQL Community Edition）。

（四）实验实施

下面介绍在Windows系统环境下通过安装向导来安装和配置MySQL数据库的方法，具体操作如下。

（1）在MySQL官网中下载最新版的MySQL数据库安装文件，双击下载的文件，打开安装向导对话框。在"Choosing a Setup Type"（选择安装方式）界面中，有"Developer Default"（默认安装）、"Server only"（只安装服务器）、"Client only"（只安装客户端）、"Full"（全部安装）和

微课：安装
MySQL数据库

"Custom"（自定义安装）5种安装方式可供用户选择。这里选择"Custom"安装方式，然后单击"Next"（下一步）按钮，如图8-1所示。

（2）进入"Select Products and Features"（选择产品和功能）界面，在左侧的"Available Products"（现有的产品）列表中选择所需要的安装服务，然后单击➡按钮，将其添加到右侧的"Products/Features To Be Installed"（要安装的产品/功能）列表中，这里选择"MySQL Server 8.0.21 – x64""MySQL Workbench 8.0.21 – x64"（图形化管理工具）和"MySQL Shell 8.0.21 – x64"（交互式命令行工具）3个选项，如图8-2所示，然后单击"Next"（下一步）按钮。

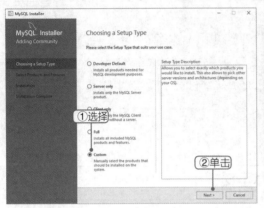
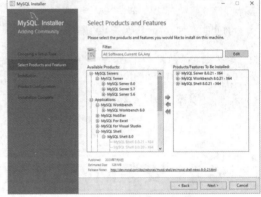

图8-1　选择安装方式　　　　　　　　　　　图8-2　选择要安装的服务

（3）进入"Installation"（安装）界面，确认要安装的服务并单击"Execute"（执行）按钮，如图8-3所示。

（4）系统开始安装所选择的服务，当所有服务都安装完成后，单击"Next"（下一步）按钮，如图8-4所示。

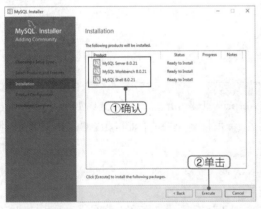

图8-3　确认要安装的服务　　　　　　　　　图8-4　安装所选择的服务

（5）进入"Product Configuration"（产品配置）界面，单击"Next"（下一步）按钮，如图8-5所示。

（6）进入MySQL Server 8.0.21配置向导的"High Availability"（高可用性）界面，该界面中有"Standalone MySQL Server/Classic MySQL Replication"（独立MySQL服务器/经典MySQL复制）和"InnoDB Cluster"（InnoDB服务器集群）两种配置模式可供用户选择。在这

里选择第一种，单击"Next"（下一步）按钮，如图8-6所示。

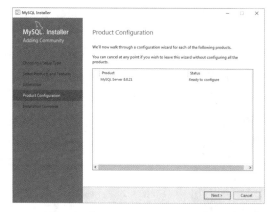
图8-5 "Product Configuration"界面

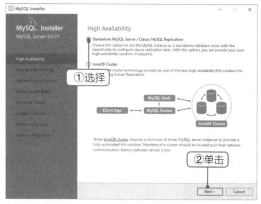
图8-6 "High Availability"界面

（7）进入"Type and Networking"（类型与网络）界面，在"Config Type"（配置类型）下拉列表中有"Development Computer"（开发测试类型）、"Server Computer"（服务器类型）和"Dedicated Computer"（专门的数据库服务器类型）3个选项。这里选择"Development Computer"选项，其余选项保持默认即可，单击"Next"（下一步）按钮，如图8-7所示。

（8）进入"Authentication Method"（身份认证方式）界面，该界面中有"Use Strong Password Encryption for Authentication(RECOMMENDED)"（使用强密码进行身份验证）和"Use Legacy Authentication Method(Retain MySQL 5.x Compatibility)"（使用遗留身份验证方式验证）两种认证方式可供用户选择。这里选择"Use Strong Password Encryption for Authentication(RECOMMENDED)"，单击"Next"（下一步）按钮，如图8-8所示。

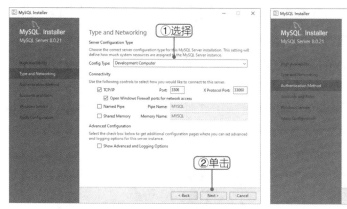
图8-7 "Type and Networking"界面

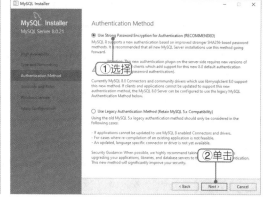
图8-8 "Authentication Method"界面

（9）进入"Accounts and Roles"（用户和角色）界面，在"MySQL Root Password"和"Repeat Password"文本框中输入Root用户的密码，然后单击"Next"（下一步）按钮，如图8-9所示。

（10）进入"Windows Service"（Windows服务）界面，保持默认选项即可，单击"Next"（下一步）按钮，如图8-10所示。

（11）进入"Apply Configuration"（应用配置）界面，单击"Execute"（执行）按钮应

用配置，如图8-11所示。

（12）完成后单击"Finish"（完成）按钮完成配置，如图8-12所示。

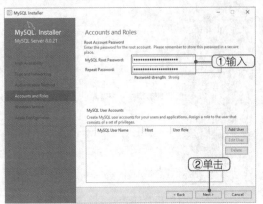

图8-9 "Accounts and Roles"界面

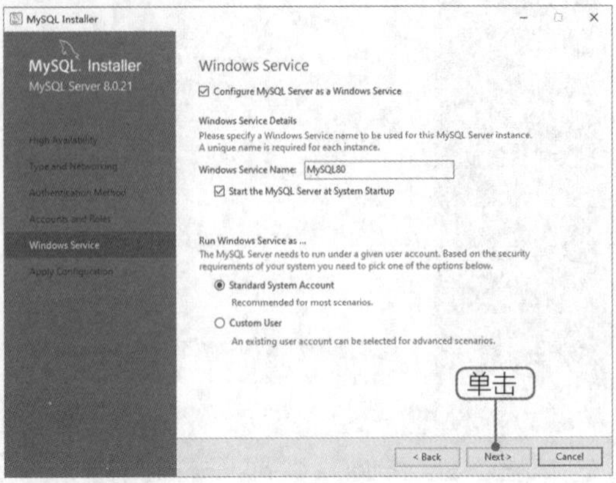

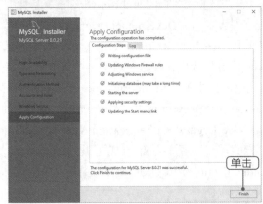

图8-10 "Windows Service"界面

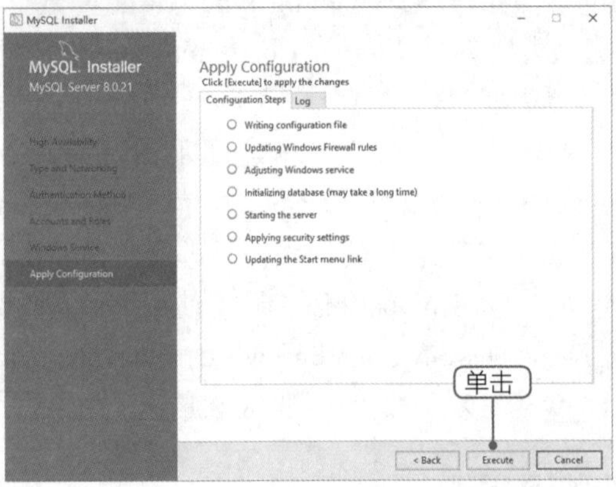

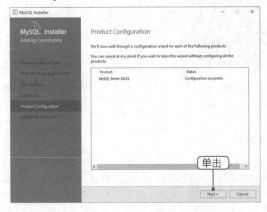

图8-11 "Apply Configuration"界面

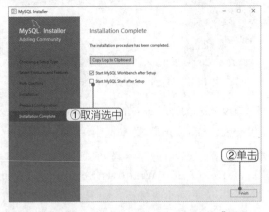

图8-12 单击"Finish"按钮

（13）返回到"Product Configuration"（产品配置）界面，单击"Next"（下一步）按钮，如图8-13所示。

（14）进入"Installation Complete"（安装完成）界面，取消选中"Start MySQL Shell after Setup"复选框，单击"Finish"（完成）按钮完成MySQL的安装，如图8-14所示。

图8-13 单击"Next"按钮

图8-14 "Installation Complete"界面

（15）安装完成后将自动启动MySQL Workbench，单击"Local instance MySQL80"按钮（"MySQL80"是安装时设置的服务器名称），打开"Connect to MySQL Server"对话框，在"Password"密码文本框中输入Root用户的密码，单击"OK"按钮，如图8-15所示。

（16）在打开的界面中即可对MySQL80服务器进行操作和管理，如图8-16所示。

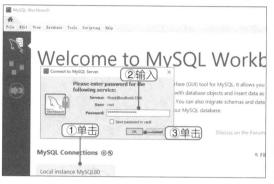

图8-15　MySQL Workbench

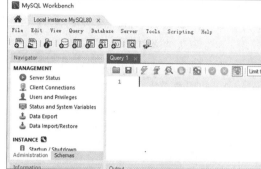

图8-16　连接到服务器

（五）实验练习

学生自行检查自己的计算机中是否安装有MySQL，如果没有安装，则从官网中下载安装包并进行安装。

实验二　创建"公司管理"数据库和"员工档案"数据表

（一）实验学时

2学时。

（二）实验目的

◇　掌握MySQL数据库的操作方法。

◇　掌握MySQL数据表的操作方法。

（三）相关知识

1. MySQL 数据库的操作

数据库的操作包括创建数据库、使用数据库、修改数据库和删除数据库，下面分别进行讲解。

（1）创建数据库

使用CREATE DATABASE或CREATE SCHEMA命令可以创建数据库，其语法结构如下。

```
CREATE {DATABASE|SCHEMA} [IF NOT EXISTS] 数据库名称
[DEFAULT] CHARACTER SET 字符集名称
|[DEFAULT] COLLATE 校对规则名称
```

其中各部分的作用如下。

- **IF NOT EXISTS**：如果已存在某个数据库，再创建一个同名的数据库时，会出现错误信息。为避免出现此类错误，可以加上IF NOT EXISTS命令，该命令的功能：只有要创建的数据库不存在时，才执行CREATE DATABASE命令。
- **DEFAULT CHARACTER SET**：指定数据库的默认字符集。创建数据库时宜指定字符集。这样，在该数据库中建立的表的字符集默认为数据库的字符集，表中各字段的字符集也默认为数据库的字符集。
- **COLLATE**：指定字符集的校对规则。

（2）使用数据库

创建了一个数据库后，并没有选定和使用它，而要选定或使用一个数据库，则必须使用USE命令。USE命令的语法结构如下。

```
USE 数据库名称
```

（3）修改数据库

数据库创建后，如果需要修改数据库的参数，可以使用ALTER DATABASE命令，其语法结构如下。

```
ALTER {DATABASE|SCHEMA} 数据库名称
[DEFAULT] CHARACTER SET 字符集名称
|[DEFAULT] COLLATE 校对规则名称
```

（4）删除数据库

对于已经存在的数据库，可使用 DROP DATABASE 命令删除，其语法结构如下。

```
DROP DATABASE [IF EXISTS] 数据库名称
```

当指定的数据库不存在时，执行删除命令会出现错误提示。为了避免出现这种情况，可以加上IF EXISTS命令。这样，只有当指定的数据库存在时才执行DROP DATABASE命令。

2. MySQL 数据表的操作

新建的数据库是空的，里面没有任何内容，用户需要在其中创建表。创建表以后，用户可以进行查看表、修改表、复制表和删除表等操作。

（1）创建表

表决定了数据库的结构，它是存放数据的地方。使用CREATE TABLE命令可创建表，其语法结构如下。

```
CREATE [TEMPORARY] TABLE [IF NOT EXISTS] 表名称
[([字段定义],…|[索引定义])]
[表选项]
```

其中各部分的含义如下。

- **TEMPORARY**：表示创建的表为临时表。
- **IF NOT EXISTS**：如果已存在某个表，再创建一个同名的表时，会出现错误信息。为避免出现此类错误，可以加上IF NOT EXISTS命令，该命令的功能：只有要创建的表不存在时，才执行CREATE TABLE命令。
- **字段定义**：定义表的字段信息，包括字段名、数据类型、是否允许空值、默认值、

　　　主键约束、唯一性约束、注释字段名、是否为外键及字段类型的属性等。

- **索引定义**：为表的相关字段指定索引。
- **表选项**：设置表的属性选项。

字段定义部分的语法结构如下。

```
字段名称 [NOT NULL|NULL] [DEFAULT 默认值]
[AUTO_INCREMENT] [UNIQUE [KEY]|[PRIMARY] KEY]
[COMMENT '备注内容']
```

其中各部分的含义如下。

- **NULL（NOT NULL）**：表明字段是否可以是空值。
- **DEFAULT**：指定字段的默认值。
- **AUTO_INCREMENT**：设置自增属性，只有整数类型才能设置此属性。设置自增属性后该字段的值从1开始，每增加一个记录，自动增加1。
- **UNIQUE**：对字段指定唯一性约束。
- **PRIMARY KEY**：对字段指定主键约束。
- **COMMENT**：设置备注。

（2）查看表

创建数据表后，使用SHOW TABLES命令可以查看数据库中已创建的表，其语法结构如下。

```
SHOW TABLES
```

使用DESC命令可以查看指定表的结构，其语法结构如下。

```
DESC 表名
```

（3）修改表

使用ALTER TABLE命令可以对表进行修改，例如，修改表名、增加字段、删除字段、重命名字段、修改/删除字段默认值、修改字段数据类型等。

- **修改表名**：使用ALTER TABLE命令修改表名的语法结构如下。

```
ALTER TABLE 表名 RENAME TO 新表名
```

- **增加字段**：使用ALTER TABLE命令增加字段的语法结构如下。

```
ALTER TABLE 表名 ADD 字段属性 [FIRST | AFTER 字段名]
```

其中，FIRST表示在最前面添加字段，AFTER表示在指定的字段后添加字段。

- **删除字段**：使用ALTER TABLE命令删除字段的语法结构如下。

```
ALTER TABLE 表名 DROP 字段名
```

- **重命名字段**：使用ALTER TABLE命令重命名字段的语法结构如下。

```
ALTER TABLE 表名 CHANGE 字段名 新字段名
```

- **修改/删除字段默认值**：使用ALTER TABLE命令修改/删除字段默认值的语法结构如下。

```
ALTER TABLE 表名 ALTER 字段名 {SET DEFAULT 默认值|DROP DEFAULT}
```

其中，SET DEFAULT表示设置默认值，DROP DEFAULT表示删除默认值。

- **修改字段数据类型**：使用ALTER TABLE命令修改字段数据类型的语法结构如下。

```
ALTER TABLE 表名 MODIFY 数据类型 [NOT NULL]
```

（4）复制表

使用CREATE TABLE命令可以复制一个表的结构或数据，其语法结构如下。

```
CREATE [TEMPORARY] TABLE [IF NOT EXISTS] 表名
[LIKE 旧表名]|[AS 选择语句]
```

● **复制表结构**：使用LIKE可以复制一个表的结构，例如，将"学生表"的结构复制到新表"学生表1"中，输入以下代码即可。

```
CREATE TABLE 学生表1 LIKE 学生表;
```

● **复制表数据**：使用AS可以通过选择语句复制其他表中的数据，例如，将"学生表"中的所有数据都复制到新表"学生表2"中，输入以下代码即可。

```
CREATE TABLE 学生表2 AS SELECT * FROM 学生表;
```

（5）删除表

使用DROP TABLE命令可以删除不再需要的表，其语法结构如下。

```
DROP TABLE [IF EXISTS] 表名1 [,表名2]…
```

（四）实验实施

创建"公司管理"数据库，并在其中创建"员工档案"数据表，"员工档案"数据表的字段结构如表8-1所示。

表8-1 "员工档案"数据表的字段结构

字段名	数据类型	长度	是否空值	是否主键/外键	默认值
ID	自增整型 TINYINT		NO	主键	
姓名	定长字符型 CHAR	4	NO		
性别	ENUM('男','女')		NO		男
出生日期	日期型 DATE		NO		
毕业院校	变长字符 VARCHAR	15	NO		
学历	定长字符型 CHAR	2	NO		
家庭地址	变长字符 VARCHAR	20	NO		
联系电话	变长字符 VARCHAR	12	NO		

微课：创建"公司管理"数据库和"员工档案"数据表

具体操作如下。

（1）启动MySQL Workbench并连接服务器，在中间的编辑框中输入以下代码。

```
CREATE DATABASE 公司管理
DEFAULT CHARACTER SET GB2312 COLLATE GB2312_CHINESE_CI;
USE 公司管理;
CREATE TABLE IF NOT EXISTS 员工档案
(
ID TINYINT NOT NULL AUTO_INCREMENT,
姓名 char(4) NOT NULL,
性别 ENUM('男','女') NOT NULL DEFAULT '男',
出生日期 DATE NOT NULL,
```

```
毕业院校 VARCHAR(15) NOT NULL,
学历 CHAR(2) NOT NULL,
家庭地址 VARCHAR(20) NOT NULL,
联系电话 VARCHAR(12) NOT NULL,
PRIMARY KEY (ID)
) ENGINE=InnoDB DEFAULT CHARSET=gb2312;
```

（2）单击"Execute"（执行）按钮运行创建的数据库。

（3）选择"File"→"Save"命令，将文件保存为"实验二.sql"（配套资源：效果\第8章\实验二.sql）。

（五）实验练习

创建"产品管理"数据库，并在其中创建"价格"数据表，"价格"数据表的字段结构如表8-2所示。

表8-2 "价格"数据表的字段结构

字段名	数据类型	长度	是否空值	是否主键/外键
ID	自增整型 TINYINT		NO	主键
产品编号	定长字符型 CHAR	5	NO	
产品名称	变长字符 VARCHAR	20	NO	
净含量	变长字符 VARCHAR	10	NO	
包装规格	变长字符 VARCHAR	10	NO	
价格	浮点数 FLOAT	2	NO	

具体操作如下。

（1）启动MySQL Workbench并连接服务器，在中间的编辑框中输入以下代码。

```
CREATE DATABASE 产品管理
DEFAULT CHARACTER SET gb2312 COLLATE GB2312_CHINESE_CI;
USE GSGL;
CREATE TABLE IF NOT EXISTS 价格
(
ID TINYINT NOT NULL AUTO_INCREMENT,
产品编号 CHAR(5) NOT NULL,
产品名称 VARCHAR(20) NOT NULL,
净含量 VARCHAR(10) NOT NULL,
包装规格 VARCHAR(10) NOT NULL,
价格 FLOAT NOT NULL,
PRIMARY KEY (ID)
) ENGINE=INNODB DEFAULT CHARSET=GB2312;
```

（2）单击"执行"按钮运行创建的数据库。

（3）选择"File"→"Save"命令，将文件保存为"练习二.sql"（配套资源：效果\第8章\练习二.sql）。

实验三　向"员工档案"数据表中插入数据并查询

（一）实验学时

2学时。

（二）实验目的

◇ 掌握在MySQL数据库中插入数据的方法。
◇ 掌握在MySQL数据库中搜索数据的方法。
◇ 掌握在MySQL数据库中修改数据的方法。
◇ 掌握在MySQL数据库中删除数据的方法。

（三）相关知识

1. 插入数据

使用INSERT INTO命令可以向表中插入数据，其语法结构如下。

```
INSERT INTO 表名 [(字段名1,字段名2,…)] VALUES (数值1,数值2,…)
```

2. 搜索数据

使用SELECT命令可以从一个或多个表中选取特定的行和列，结果通常是生成一个临时表。SELECT命令的语法结构如下。

```
SELECT [ALL|字段名]
[FROM 表名[,表名]…]
[WHERE]
[GROUP BY 子句]
[HAVING 子句]
[ORDER BY 子句]
[LIMIT 子句]
```

其中各部分的含义如下。

● SELECT：SELECT后面为要搜索的字段名，如果为ALL（可以简略为*），表示搜索所有字段。
● FROM：指定要搜索的表，可以指定1个或2个以上的表，表与表之间用逗号隔开。
● WHERE：指定要搜索的条件。
● GROUP BY：用于对搜索结果进行分组。
● HAVING：指定分组的条件，通常用在GROUP BY命令之后。
● ORDER BY：用于对搜索结果进行排序。
● LIMIT：限制搜索结果的数量。

3. 修改数据

使用UPDATE…SET…命令可以对表中的数据进行修改，其语法结构如下。

```
UPDATE 表名
SET 字段1=数值1 [,字段2=数值2,…]
[WHERE 子句]
```

4. 删除数据

使用DELETE FROM命令可以删除表中的数据，其语法结构如下。

```
DELETE FROM TBL_NAME
[WHERE 子句]
```

（四）实验实施

向"员工档案"数据表中插入表8-3所示的数据，并查询学历为本科的男员工。

表8-3 "员工档案"数据表的数据

姓名	性别	出生日期	毕业院校	学历	家庭地址	联系电话
王华	男	1979/4/12	电子科技大学	本科	四川绵阳	1398****263
李红	女	1981/5/18	清华大学	硕士	广西桂林	1330****322
李欣	女	1978/4/14	同济大学	硕士	陕西汉中	1314****521
陈凯	男	1980/7/25	北京理工大学	专科	陕西西安	1762****154
江彬	男	1981/6/27	四川大学	本科	甘肃兰州	1888****471
黄山	男	1981/1/18	上海交通大学	专科	四川成都	1771****350
李芳	女	1976/9/14	复旦大学	专科	云南昆明	1884****540
杨梦	女	1981/12/18	中国科技大学	本科	湖北武汉	1314****125
范涛	男	1983/10/25	四川大学	本科	河南郑州	1882****803

微课：向"员工档案"数据表中插入数据并查询

具体操作如下。

（1）启动MySQL Workbench并连接服务器，在中间的编辑框中输入以下代码。

```
INSERT INTO 员工档案 (姓名,性别,出生日期,毕业院校,学历,家庭地址,联系电话) VALUES
('王华','男', '1979/4/12', '电子科技大学', '本科', '四川绵阳', '1398****263'),
('李红','女', '1981/5/18', '清华大学', '硕士', '广西桂林', '1330****322'),
('李欣','女', '1978/4/14', '同济大学', '硕士', '陕西汉中', '1314****521'),
('陈凯','男', '1980/7/25', '北京理工大学', '专科', '陕西西安', '1762****154'),
('江彬','男', '1981/6/27', '四川大学', '本科', '甘肃兰州', '1888****471'),
('黄山','男', '1981/1/18', '上海交通大学', '专科', '四川成都', '1771****350'),
('李芳','女', '1976/9/14', '复旦大学', '专科', '云南昆明', '1884****540'),
('杨梦','女', '1981/12/18', '中国科技大学', '本科', '湖北武汉', '1314****125),
('范涛','男', '1983/10/25', '四川大学', '本科', '河南郑州', '1882****803'),
SELECT * FROM 员工档案 WHERE 学历='本科' AND 性别='男';
```

（2）单击"执行"按钮运行创建的数据库。

（3）选择"File"→"Save"命令，将文件保存为"实验三.sql"（配套资源：效果\第8章\实验三.sql。）

（五）实验练习

向"价格"数据表中插入表8-4所示的数据，并查询价格大于100.0元或小于200.0元的产品。

表8-4 "价格"数据表的数据

货号	产品名称	净含量	包装规格	价格
YF001	洁面乳	105g	48 支 / 箱	65.0
YF002	爽肤水	110mL	48 瓶 / 箱	185.0
YF003	保湿乳液	110mL	48 瓶 / 箱	298.0
YF004	保湿霜	35g	48 瓶 / 箱	268.0
YF005	眼部修护素	30mL	48 瓶 / 箱	398.0
YF006	深层洁面膏	105g	48 支 / 箱	128.0
YF007	活性按摩膏	105g	48 支 / 箱	98.0
YF008	补水面膜	105g	48 支 / 箱	168.0
YF009	活性营养滋润霜	35g	48 瓶 / 箱	228.0
YF010	保湿精华露	30mL	48 瓶 / 箱	568.0

具体操作如下。

（1）启动MySQL Workbench并连接服务器，在中间的编辑框中输入以下代码。

```
INSERT INTO PRICE (货号,产品名称,净含量,包装规格,价格) VALUES
('YF001','洁面乳', '105g', '48支/箱', 65.0),
('YF002','爽肤水', '110mL', '48瓶/箱',185.0),
('YF003','保湿乳液', '110mL', '48瓶/箱',298.0),
('YF004','保湿霜', '35g', '48瓶/箱',268.0),
('YF005','眼部修护素', '30mL', '48瓶/箱',398.0),
('YF006','深层洁面膏', '105g', '48支/箱',128.0),
('YF007','活性按摩膏', '105g', '48支/箱', 8.0),
('YF008','补水面膜', '105g', '48支/箱', 168.0),
('YF009','活性营养滋润霜', '35g', '48瓶/箱',228.0),
('YF010','保湿精华露', '30mL', '48瓶/箱', 568.0),
SELECT * FROM Price WHERE 价格>100.0 AND 价格<=200.0;
```

（2）单击"执行"按钮运行创建的数据库。

（3）选择"File"→"Save"命令，将文件保存为"练习三.sql"（配套资源：效果\第8章\练习三.sql。）

第 9 章

Python程序设计基础

配套教材的第10章主要讲解了Python程序设计的基础知识。本章将介绍搭建Python开发环境、使用for循环计算1到n的和、输出水仙花数、计算圆内接正多边形的周长、对输入的数据进行排序5个实验任务。通过对这5个实验任务的学习，学生能够掌握使用Python进行编程的方法。

实验一　搭建Python开发环境

（一）实验学时

2学时。

（二）实验目的

◇ 掌握搭建Python开发环境的操作方法。
◇ 掌握测试Python开发环境是否搭建成功的操作方法。

（三）相关知识

Python可以在Windows、Linux和MacOS操作系统上运行，在Windows操作系统中需要安装后才能运行，而Linux和MacOS操作系统中都内置有Python，可以不用安装。系统内置Python的版本通常不是最新的，若要使用最新版本的Python，也需要进行安装。

（四）实验实施

下面在Windows 10操作系统中安装Python 3.9.0，并测试是否安装成功。具体操作如下。

（1）双击下载好的安装程序，打开安装向导对话框。保持选中"Install launcher for all users（recommended）"（为所有用户安装启动器（推荐））复选框不变，单击选中"Add Python 3.9 to PATH"（将Python安装路径添加到环境变量PATH中）复选框，如图9-1所示。

（2）单击"Install Now"（立即安装）按钮，即可将Python安装到系统提供的默认安装路径中，如图9-2所示。

图9-1　安装向导对话框

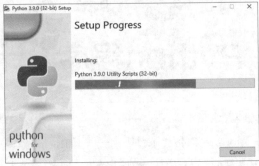

图9-2　安装Python

（3）安装完成后，将打开"Setup was successful"（安装成功）对话框，单击"Close"（关闭）按钮即可，如图9-3所示。

（4）安装成功后，还需要查看安装的程序是否能正常运行。按"Win+R"组合键打开"运行"对话框，在其中输入"cmd"，然后单击"确定"按钮。

（5）打开"命令提示符"窗口，在其中输入"python"并按"Enter"键。此时将显示Python的版本信息并进入Python命令行（">>>"所在行），说明Python的开发环境已经安装成功了，如图9-4所示。

图9-3　安装成功

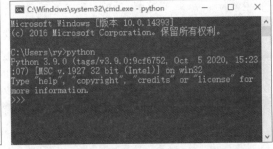

图9-4　Python开发环境安装成功

（五）实验练习

学生自行检查计算机是否安装了Python，操作提示如下。

（1）按"Win+R"组合键打开"运行"对话框，在其中输入"cmd"，然后单击"确定"按钮，打开"命令提示符"窗口。

（2）输入"python"并按"Enter"键，查看是否显示Python的版本信息并进入Python命令行。

（3）如果未显示Python的版本信息或版本小于3.9.0，需从Python官网下载最新版本的安装程序并进行安装。

实验二　使用for循环计算1到*n*的和

（一）实验学时

2学时。

（二）实验目的

◇ 掌握input指令的使用方法。

◇ 掌握print指令的使用方法。

◇ 掌握for循环的使用方法。

（三）相关知识

1. 输入指令——input

input指令的功能是将用户由键盘输入的数据传送给指定的变量，其语法结构如下。

```
变量 = input(提示字符串)
```

当程序运行到input指令时，会显示"提示字符串"的具体内容，用户输入数据并按下"Enter"键后，input指令就会将输入的数据传送给指定的变量。

2. 输出指令——print

print指令是Python用来输出指定的字符串或数值的指令，默认情况下输出到屏幕。print指令的语法结构如下。

```
print(项目1[,项目2,…,sep=分隔字符,end=结束字符])
```

● **项目1，项目2，…**：print指令可以输出多个项目，各项目之间必须以逗号","隔开。

● **sep**：输出项目间的分隔字符。使用print指令输出多个项目时，可以使用sep指定一个分隔字符，用于对输出的结果进行分隔，默认的分隔符为空格""。

● **end**：输出完成后的结束字符。print指令输出完所有内容后，会自动加入end所指定的字符，默认为换行符"\n"。

print还可以配合format指令来对输出的内容进行格式化操作，语法结构如下。

```
print(字符串.format(参数1,参数2,…))
```

3. for 循环

for循环是程序设计中较常使用的一种循环语句，其循环次数是固定的。如果程序所需要执行的循环次数固定，那么for循环就是最佳选择。

Python的for循环是通过访问某个序列项目来实现的，其语法结构如下。

```
for 元素变量 in 序列项目:
    循环体
```

序列项目由多个数据类型相同的数据组成，序列中的数据称为元素或项目。for语句在执行时，首先会依次访问序列项目中的每一个元素，每访问一次，就将该元素的值赋给元素变量并执行一遍循环体中的代码。

为了更加方便和灵活地使用for循环，可以使用range()函数搭配for语句来构建循环。range()函数的功能是生成一个整数序列，其语法结构如下。

```
range（[起始值,]终止值[,间隔值]）
```

● **起始值**：必须为整数，默认值为0，可以省略。

● **终止值**：必须为整数，不可省略。

● **间隔值**：计数器的增减值，必须为整数，默认值为1，不能为0。

（四）实验实施

首先通过input指令输入一个正整数并将其赋给变量n，再通过for循环计算1到n的和，最后通过print指令输出结果。具体操作如下。

微课：使用for循环计算1到n的和

（1）选择"开始"→"Python 3.9"→"IDLE"命令，打开"Python 3.9.0 Shell"窗口。

（2）选择"File"→"New File"命令，打开程序编辑窗口，在其中输入以下代码。

```
n=int(input("请输入1个大于0的整数："))
total=0
for i in range(1,n):
    total=total+i
    print(i,"+",end=" ")
total=total+n
print(n,"=",total)
```

（3）选择"File"→"Save"命令，在打开的"另存为"对话框中，将程序保存为"实验二.py"文件（配套资源：效果\第9章\实验二.py）。

（4）选择"Run"→"Run Module"命令运行程序，运行结果如下。

```
请输入1个大于0的整数：5
1 + 2 + 3 + 4 + 5 = 15
```

（五）实验练习

下面使用for循环来计算n到m的和。具体操作如下。

（1）新建一个程序文件，并输入如下代码。

```
n=int(input("请输入整数n的值："))
m=int(input("请输入整数m的值："))
total=0
if n>m:
```

```
        temp=m
        m=n
        n=temp
for i in range(n,m+1):
        total=total+i
print(n,"到",m,"的和为：",total,sep="")
```

（2）将程序保存为"练习二.py"文件（配套资源：\效果\第9章\练习二.py）。

（3）运行程序，运行结果如下。

```
请输入整数n的值：3
请输入整数m的值：9
3到9的和为：42
```

实验三　输出水仙花数

（一）实验学时

2学时。

（二）实验目的

◇　了解什么是水仙花数。

◇　掌握if语句的使用方法。

（三）相关知识

1. 自幂数和水仙花数

自幂数是指一个n位数，它的每一位上的数字的n次幂之和等于它本身。3位数（即$n=3$）的自幂数被称为水仙花数。例如，$1^3+5^3+3^3=153$，153就是一个3位的自幂数，即水仙花数。

其他自幂数的别称如表9-1所示。（注：没有2位数的自幂数。）

表9-1　自幂数的别称

位数	别称	位数	别称
1 位	独身数	7 位	北斗七星数
3 位	水仙花数	8 位	八仙数
4 位	四叶玫瑰数	9 位	九九重阳数
5 位	五角星数	10 位	十全十美数
6 位	六合数		

2. if 语句

使用if语句可以通过判断条件表达式的真（True）或假（False），来分别执行不同的代码。

（1）单if语句

单if语句的语法结构如下。

```
if 条件表达式:
    缩排代码块
```

当条件表达式的值为True时，执行缩排代码块中的语句；当条件表达式的值为False时，跳过缩排代码块，直接执行后面的语句。

（2）if…else语句

使用单if语句，只会在条件为True时，执行相应的代码，而在条件为False时不执行任何语句。但我们有时希望当条件为True或为False时分别执行不同的代码，这时就需要使用if…else语句，其语法结构如下。

```
if 条件表达式:
    缩排代码块1
else:
    缩排代码块2
```

当条件表达式的值为True时，执行缩排代码块1中的代码；当条件表达式的值为False时，执行缩排代码块2中的代码。

（3）if…elif…else语句

使用if…else语句只能通过一个条件分两种情况来执行不同的代码，但在实际编程中可能会遇到更多的情况需要处理，这时，就需要使用if…elif…else语句添加更多的条件，以区分更多的情况。if…elif…else语句的语法结构如下。

```
if 条件表达式1:
    缩排代码块1
elif 条件表达式2:
    缩排代码块2
else:
    缩排代码块3
```

（四）实验实施

首先构建一个i的值从100到999的for循环，在循环体内获取i的个位、百位和千位的值，再判断这3个值的3次方的和是否与i相等，如果相等则输出。具体操作如下。

（1）新建一个程序文件，并输入以下代码。

```
print("水仙花数: ")
for i in range(100,1000):
    g=i%10
    s=i//10%10
    b=i//100
    if g**3+s**3+b**3==i:
        print(i)
```

微课：输出水仙花数

（2）将程序保存为"实验三.py"文件（配套资源：效果\第9章\实验三.py）。

（3）运行程序，运行结果如下。

```
水仙花数：
153
370
371
407
```

（五）实验练习

输出n位自幂数，操作提示如下。

（1）新建一个程序文件，并输入以下代码。

```
n=int(input("请输入自幂数的位数："))
print(n,"位自幂数有：")
for i in range(10**(n-1),10**n):
    strNum=str(i)
    num=0
    for j in range(n):
        num=num+(i//10**j%10)**n
    if num==i:
        print(i)
```

（2）将程序保存为"练习三.py"文件（配套资源：效果\第9章\练习三.py）。

（3）运行程序，运行结果如下。

```
请输入自幂数的位数：5
5位自幂数有：
54748
92727
93084
```

 特别提醒 位数每增加1位，循环次数将增加10倍，如果输入的数字过大，程序将运行非常长的时间才会输出结果。

实验四　计算圆内接正多边形的周长

（一）实验学时

2学时。

（二）实验目的

◇ 掌握引入库函数的方法。

◇ 掌握自定义函数的方法。

（三）相关知识

1. 引入库函数

库函数有Python的标准函数库函数和第三方开发的模块库函数。在使用库函数之前，必须先使用import语句引入函数模块。引入函数模块主要有以下两种方法。

（1）引入模块中的所有成员，语法格式如下。

```
import 模块名1 [as 别名1],模块名2 [as 别名2],…
```

这种方式将引入模块中的所有成员，在使用模块中的成员时，需要使用模块名（或别名）作为前缀，否则 Python 解释器会报错。

（2）引入模块中的指定成员，语法格式如下。

```
from 模块名 import 成员名1 [as 别名1],成员名2 [as 别名2],…
```

这种方式将引入模块中指定的成员，当需要使用该成员时，无须附加任何前缀，直接使用成员名（或别名）即可。

2. 自定义函数

自定义函数是由程序员自行编写的函数，首先需定义函数，然后才能调用它。在Python中定义函数要使用关键词def。定义函数的语法结构如下。

```
def 函数名称(参数1,参数2,…):
    程序代码块
    return 返回值1,返回值2,…
```

函数名称的命名必须遵守Python标识符名称的规范。自定义函数可以没有参数，也可以有1个或多个参数；程序代码块中的语句必须进行缩排；最后通过return语句将返回值传给调用函数的主程序，返回值可以有多个，如果没有返回值，则可以省略return语句。

函数定义完成后，需要在程序中进行调用，调用自定义函数的语法结构如下。

```
函数名称(参数1,参数2,…)
```

（四）实验实施

首先引入sin()函数（返回弧度的正弦值）和radians()函数（将角度转换为弧度），再定义一个计算圆内接正多边形的周长的getL()函数，然后输入圆的半径和正多边形的边数，最后计算并输出周长。

（1）新建一个程序文件，并输入以下代码。

```
from math import sin,radians
def getL(r,n):
```

```
        l=sin(radians(180/n))*2*n*r  //计算圆内接正多边形的周长
        return l
print("计算圆内接正多边形的周长")
r=int(input("请输入圆的半径："))
n=int(input("请输入正多边形的边数："))
print("周长为： ",getL(r,n))
```

（2）将程序保存为"实验四.py"文件（配套资源：效果\第9章\实验四.py。）

（3）运行程序，运行结果如下。

```
计算圆内接正多边形的周长
请输入圆的半径：1
请输入正多边形的边数：5
周长为： 5.877852522924732
```

（五）实验练习

圆内接正多边形的边数越多，其周长与圆的周长越接近，从而我们可以通过圆内接正多边形的周长来计算 π 的值，边数越多，计算出来的 π 值越精确。

（1）新建一个程序文件，并输入以下代码。

```
from math import sin,radians
def getL(r,n):
    l=sin(radians(180/n))*2*n*r
    return l
print("计算π的值")
n=int(input("请输入正多边形的边数："))
r=1
PI=getL(r,n)/2*r
print("π的值为： ",PI)
```

（2）将程序保存为"练习四.py"文件（配套资源：效果\第9章\练习四.py）。

（3）运行程序，输入"10"，输出结果如下。

```
计算π的值
请输入正多边形的边数：10
π的值为：3.090169943749474
```

（4）再次运行程序，输入"1000000"，输出结果如下。

```
计算π的值
请输入正多边形的边数：1000000
π的值为：3.1415926535846257
```

实验五 对输入的数据进行排序

（一）实验学时

2学时。

（二）实验目的

◇ 掌握Python异常处理的方法。
◇ 掌握Python列表的主要操作。
◇ 掌握while循环的使用方法。

（三）相关知识

1. Python 异常处理

要在Python程序中对异常进行处理，需要使用try…except…finally语句，其语法结构如下。

```
try:
    可能会产生异常的代码
except 异常类型1:
    针对异常类型1的处理代码
except (异常类型2,异常类型3,…):
    针对所列出的异常类型的处理代码
except 异常类型 as 名称:
    为异常定义一个名称，通过该名称可以访问异常的具体信息
except:
    针对所有异常类型的处理代码
else:
    未发生异常时的处理代码，可以省略
finally:
无论是否发生异常，都会执行的代码，可以省略
```

Python中常见的异常类型如表9-2所示。

表9-2 Python中常见的异常类型

异常类型	说明
FileNotFoundError	找不到文件的错误
NameError	名称未定义的错误
ZeroDivisionError	除零错误
ValueError	使用内置函数时，参数中的类型正确，但值不正确
TypeError	类型不符的错误
MemoryError	内存不足的错误

2．列表的主要操作

在Python中，列表是一个用中括号括起来的数据集合，人们可以通过序号（从0开始）来获取其中某个元素的值。下面介绍列表的主要操作。

（1）定义列表。定义列表主要有两种，即定义空列表和定义有数据的列表。定义列表的语法格式如下。

```
list1=[] #定义空列表
list2=[1,2,3,4,5] #定义有数据的列表
```

（2）获取列表长度（元素个数）。使用len()函数可以获取列表的长度，其语法格式如下。

```
x=len(list)
```

（3）遍历列表元素。使用for循环可以遍历列表中的所有元素，其语法格式如下。

```
for x in list:
    print(x)
```

（4）添加列表元素。使用append()方法可以将元素添加到列表尾部，其语法格式如下。

```
list.append(6) #将数字6添加到列表list的末尾
```

（5）删除列表元素。使用pop()方法可以删除列表中的元素，其语法格式如下。

```
list.pop(2)  #删除列表list中的第3个元素
```

（6）返回元素在列表中的编号。使用index()方法可以返回某个元素在列表中的编号，其语法格式如下。

```
list.index(2)  #返回数字2在列表list中的位置
```

（7）对列表进行排序。使用sort()方法可以对列表进行排序，其语法格式如下。

```
list.sort(reverse=True|False,key=myFunc)
```

reverse的默认值为False，即升序排列；若将reverse的值设置为True，将对列表进行降序排序。key用于指定一个函数作为排序标准，该函数使用列表中的元素作为唯一的参数，其返回值将作为排序的依据。

3．while 循环

while循环通过一个条件表达式来判断是否需要进行循环，其语法结构如下。

```
while 条件表达式:
    循环体
```

当程序遇到while循环时，会先判断条件表达式的值。如果为True，则执行一次循环体中的代码，完成后会再次判断条件表达式的值；如果还为True，就继续执行循环，直到条件表达式的值为False时退出循环。

（四）实验实施

首先在try块中通过while循环反复输入数据，当输入的数据不是数字时，float()函数将返回一个错误，从而跳转到except块，并在其中对列表进行排序和输出。

（1）新建一个程序文件，并输入以下代码。

```
arr=[]
try:
    while(True):
        str=input("输入1个数字，输入非数字将结束输入:")
        arr.append(float(str))
except:
    arr.sort()
    print(arr)
```

微课：对输入的
数据进行排序

（2）将程序保存为"实验五.py"文件（配套资源：效果\第9章\实验五.py）。

（3）运行程序，运行结果如下。

```
输入1个数字，输入非数字将结束输入:465
输入1个数字，输入非数字将结束输入:3.14
输入1个数字，输入非数字将结束输入:100
输入1个数字，输入非数字将结束输入:-22
输入1个数字，输入非数字将结束输入:0.618
输入1个数字，输入非数字将结束输入:end
[-22.0,0.618,3.14,100.0,465.0]
```

（五）实验练习

将表9-3中的数据按不同的字段进行排序。

表9-3　需要排序的数据

姓名	年龄	学历
张大三	38	大专
李晓思	28	本科
王五一	40	硕士
黄庆兴	45	博士
谭福仁	26	本科
李丽丽	20	高中

（1）新建一个程序文件，并输入以下代码。

```
arr=[["张大三",38,"大专"],
     ["李晓思",28,"本科"],
     ["王五一",40,"硕士"],
     ["黄庆兴",45,"博士"],
     ["谭福仁",26,"本科"],
     ["李丽丽",20,"高中"]]
```

```
def myFunc1(e): #定义按年龄排序的函数
    return e[1]  #直接返回第2个元素（年龄）的值


def myFunc2(e): #定义按学历排序的函数
    xlArr=["高中","大专","本科","硕士","博士"]
    return xlArr.index(e[2]) #返回第3个元素（学历）在列表xlArr中的编号


def ptintArr():
    print("------------------------")
    print("姓名","年龄","学历",sep="\t")
    print("------------------------")
    for i in arr:
        print(i[0],i[1],i[2],sep="\t")
    print("------------------------")

print("原始数据：")
ptintArr()
str=input("1:按姓名进行排序\n2:按年龄进行排序\n3:按学历进行排序\n")
if(str=="1"):
    arr.sort()
elif(str=="2"):
    arr.sort(key=myFunc1)
else:
    arr.sort(key=myFunc2)
print("排序后的数据：")
ptintArr()
```

（2）将程序保存为"练习五.py"文件（配套资源：效果\第9章\练习五.py）。

（3）运行程序，首先将输出原始数据和提示信息，如下所示。

```
原始数据：
------------------------
姓名      年龄     学历
------------------------
张大三     38      大专
李晓思     28      本科
王五一     40      硕士
```

```
黄庆兴      45      博士
谭福仁      26      本科
李丽丽      20      高中
-------------------------
1:按姓名进行排序
2:按年龄进行排序
3:按学历进行排序
```

（4）输入"1""2"或"3"即可按"姓名""年龄"或"学历"进行排序，如输入"3"，按学历排序后的输出结果如下。

```
3
排序后的数据：
-------------------------
姓名       年龄     学历
-------------------------
李丽丽      20      高中
张大三      38      大专
李晓思      28      本科
谭福仁      26      本科
王五一      40      硕士
黄庆兴      45      博士
-------------------------
```

第 2 部分
习题集

习题一
计算机的发展与新技术

一、单选题

1. （　　）被誉为"现代电子计算机之父"。
   A. 查尔斯·巴贝　　　B. 阿塔诺索夫　　　C. 图灵　　　　　　D. 冯·诺依曼

2. 世界上第一台电子数字计算机采用的主要逻辑部件是（　　）。
   A. 电子管　　　　　B. 晶体管　　　　　C. 继电器　　　　　D. 光电管

3. （　　）是一种可以创建和体验虚拟世界的计算机仿真系统。
   A. 虚拟现实技术　　　　　　　　　　B. 增强现实技术
   C. 混合现实技术　　　　　　　　　　D. 影像现实技术

4. 我国自行生产的"天河二号"计算机属于（　　）。
   A. 微机　　　　　　B. 小型机　　　　　C. 大型机　　　　　D. 巨型机

5. 计算机辅助制造的简称是（　　）。
   A. CAD　　　　　　B. CAM　　　　　　C. CAE　　　　　　D. CBE

6. 将计算机的发展历程划分为4个时代的主要依据是计算机的（　　）。
   A. 机器规模　　　　B. 设备功能　　　　C. 物理器件　　　　D. 整体性能

7. 第一台电子数字计算机的加法运算速度为每秒（　　）次。
   A. 500 000　　　　B. 50 000　　　　　C. 5 000　　　　　D. 500

8. 数学家希尔伯特在（　　）一书中提出了从公理化走向机械化的思想。
   A. 《计算思维》　　　　　　　　　　B. 《逻辑的数学分析》
   C. 《几何基础》　　　　　　　　　　D. 《论数学计算在决断难题中的应用》

9. 个人计算机属于（　　）。
   A. 微型计算机　　　B. 小型计算机　　　C. 中型计算机　　　D. 巨型计算机

10. 下列选项中，（　　）不属于计算机的应用领域。
    A. 计算机管理　　　B. 人工智能　　　　C. 多媒体技术　　　D. 多媒体辅助

二、多选题

1. 计算机的发展趋势主要包括（　　）等方面。
   A. 巨型化　　　　　B. 微型化　　　　　C. 网络化　　　　　D. 智能化

2. 与计算思维的发展有关的人物包括（　　）。
   A. 卡迪尔　　　　　B. 莱布尼茨　　　　C. 戴克斯特拉　　　D. 周以真

3. 以下属于第四代计算机主要特点的有（　　）。
   A. 计算机走向微型化，性能大幅度提高

B. 主要用于军事和国防领域

C. 软件越来越丰富，为网络化创造了条件

D. 计算机逐渐走向人工智能化，并采用了多媒体技术

4. 计算机在现代教育中的主要应用有计算机辅助教学、计算机模拟、多媒体教室和（　　　）。

A. 网上教学　　　B. 家庭娱乐　　　C. 电子试卷　　　D. 电子大学

5. 虚拟现实技术是一种结合了仿真技术、计算机图形学、人机接口技术、图像处理与模式识别、多传感技术、人工智能等多项技术的交叉技术，下面属于虚拟现实技术的有（　　　）。

A. AR　　　　　B. CR　　　　　C. VR　　　　　D. MR

6. 云计算的关键技术有（　　　）。

A. 虚拟化技术　　　　　　　　B. 编程模式

C. 海量数据管理和分布存储技术　　D. 云计算平台管理技术

7. 随着科学的不断发展，人工智能已经开始得到不同程度的应用，人工智能也正在被慢慢实现。下面属于人工智能的应用的有（　　　）。

A. 智慧物流　　　B. 自动驾驶　　　C. 智慧生活　　　D. 智慧医疗

8. 云计算技术的特点包括（　　　）。

A. 超大规模　　　B. 按需服务　　　C. 高可靠性　　　D. 潜在的危险性

9. 科学思维也叫科学逻辑，就是在科学活动中，对感性认识材料进行加工处理的方式与方法的理论体系。科学思维有（　　　）3种思维方式。

A. 实证思维　　　B. 逻辑思维　　　C. 计算思维　　　D. 创意思维

三、判断题

1. 冯·诺依曼原理是计算机的唯一工作原理。　　　　　　　　　　　　　　（　　　）

2. 冯·诺依曼提出的计算机体系结构的设计理论采用的是二进制和存储程序方式。

（　　　）

3. 微机最早出现在第三代计算机中。　　　　　　　　　　　　　　　　　（　　　）

4. 多媒体不仅指文本、声音、图形、图像、视频、音频和动画这些媒体信息本身，还包括处理和应用这些媒体元素的一整套技术。　　　　　　　　　　　　　　（　　　）

5. MR是一种实时计算摄影机影像位置及角度，并赋予其相应图像、视频、3D模型的技术。　　　　　　　　　　　　　　　　　　　　　　　　　　　　　　（　　　）

6. 物联网系统不需要大量的存储资源来保存数据，其重点是需要快速完成数据的分析和处理工作。　　　　　　　　　　　　　　　　　　　　　　　　　　　（　　　）

7. 计算机应用包括科学计算、信息处理和自动控制等。　　　　　　　　　（　　　）

8. 云安全技术是云计算技术的分支，在反病毒领域获得了广泛应用。　　　（　　　）

9. 云计算技术具有高可靠性和安全性。　　　　　　　　　　　　　　　　（　　　）

10. 第四代电子计算机主要采用中、小规模集成电路的元器件。　　　　　（　　　）

习题二
计算机信息技术与系统基础

一、单选题

1. 计算机系统是指（　　　）。
   - A. 硬件系统和软件系统
   - B. 运控器、存储器、外部设备
   - C. 主机、显示器、键盘、鼠标
   - D. 主机和外部设备

2. CPU能直接访问的存储器是（　　　）。
   - A. 硬盘
   - B. U盘
   - C. 光盘
   - D. ROM

3. 计算机存储和处理数据的基本单位是（　　　）。
   - A. Bit
   - B. Byte
   - C. B
   - D. KB

4. 下列设备中属于输入设备的是（　　　）。
   - A. 显示器
   - B. 扫描仪
   - C. 打印机
   - D. 绘图机

5. 计算机的字长通常不可能为（　　　）位。
   - A. 8
   - B. 12
   - C. 64
   - D. 128

6. 将二进制整数101010转换成十进制数是（　　　）。
   - A. 42
   - B. 40
   - C. 48
   - D. 46

7. 将八进制数332转换成十进制数是（　　　）。
   - A. 154
   - B. 256
   - C. 218
   - D. 127

8. 下列各进制的整数中，值最大的是（　　　）。
   - A. 十六进制数34
   - B. 十进制数55
   - C. 八进制数63
   - D. 二进制数110010

9. 计算机中处理的数据，在计算机内部是以（　　　）形式存储和运算的。
   - A. 位
   - B. 二进制
   - C. 字节
   - D. 兆

10. 一个字符的标准ASCII码码长是（　　　）。
    - A. 7bits
    - B. 8bits
    - C. 16bits
    - D. 6bits

二、多选题

1. 下列属于计算机的组成部分的有（　　　）。
   - A. 运算器
   - B. 控制器
   - C. 总线
   - D. 输入设备和输出设备

2. 以下选项中，属于计算机外部设备的有（　　　）。
   - A. 输入设备
   - B. 输出设备
   - C. 中央处理器和主存储器
   - D. 外存储器

3. 计算机内存由（　　　）构成。

    A. 随机存储器　　　B. 主存储器　　　C. 附加存储器　　　D. 只读存储器

4. 键盘上划分的区域有（　　　）。

    A. 字母键区　　　B. 数字键区　　　C. 方向键区　　　D. 功能键区

5. 计算机中，运算器可以完成（　　　）。

    A. 算术运算　　　B. 代数运算　　　C. 逻辑运算　　　D. 四则运算

6. 微型计算机中的总线通常包括（　　　）。

    A. 数据总线　　　B. 信息总线　　　C. 地址总线　　　D. 控制线

7. 鼠标的基本操作方法包括（　　　）。

    A. 单击　　　B. 双击　　　C. 右击　　　D. 拖曳

8. 下面属于汉字的编码方式的是（　　　）。

    A. 输入码　　　B. 识别码　　　C. 国标码　　　D. 机内码

9. 系统软件可分为（　　　）。

    A. 操作系统　　　B. 设备驱动程序　　　C. 实用程序　　　D. 编程语言

三、判断题

1. 通常计算机的存储容量越大，性能就越好。（　　　）

2. 传输媒体主要包括键盘、显示器、鼠标、声卡和视频卡等。（　　　）

3. 在计算机内部，一切信息的存储、处理与传送都是采用二进制来表示的。（　　　）

4. 通常说的内存是指RAM。（　　　）

5. 键盘和显示器都是计算机的I/O设备，键盘是输入设备，显示器是输出设备。（　　　）

6. 微型计算机的CPU和RAM集成在微处理器芯片上。（　　　）

7. 磁盘驱动器属于计算机的存储器设备。（　　　）

8. 计算机中的存储器包括硬盘和外存储器。（　　　）

9. 输入和输出设备是用来存储程序及数据的装置。（　　　）

10. 汉字"中"的区位码为5448，则它对应的国标码为5650H。（　　　）

11. 计算机应用包括科学计算、信息处理和自动控制等。（　　　）

12. CPU的主要任务是取出指令、解释指令和执行指令。（　　　）

13. 每个汉字的机内码需要用2个字节来表示。（　　　）

14. 1GB等于1 000MB，又等于1 000 000KB。（　　　）

15. 标准ASCII码是用7位二进制进行编码的。（　　　）

习题三
计算机操作系统基础

一、单选题

1. Windows 10（　　）是普通用户使用最多的一个版本。
    A. 专业版　　　　　　B. 家庭版　　　　　　C. 企业版　　　　　　D. 教育版

2. 用户不可以通过（　　）来进行窗口切换。
    A. 单击任务栏中的按钮　　　　　　　　B. 按"Alt+Tab"组合键
    C. 按"Win+Tab"组合键　　　　　　　　D. 按"Ctrl+Tab"组合键

3. 在Windows 10中，可以按（　　）打开"开始"菜单。
    A. "Ctrl+Tab"组合键　　　　　　　　B. "Alt+Tab"组合键
    C. "Alt+Esc"组合键　　　　　　　　　D. "Ctrl+Esc"组合键

4. 在Windows 10中，按住鼠标左键并拖曳（　　），可缩放窗口大小。
    A. 标题栏　　　　　　B. 对话框　　　　　　C. 滚动框　　　　　　D. 边框

5. 在Windows 10中，当一个应用程序窗口被最小化后，该应用程序（　　）。
    A. 被转入后台执行　　　　　　　　　　B. 被暂停执行
    C. 被终止执行　　　　　　　　　　　　D. 继续在前台执行

6. 在Windows 10中，连续两次快速按下鼠标左键的操作是（　　）。
    A. 单击　　　　　　B. 双击　　　　　　C. 拖曳　　　　　　D. 启动

7. 在Windows 10中，将打开的窗口拖曳到屏幕顶端，窗口会（　　）。
    A. 关闭　　　　　　B. 消失　　　　　　C. 最大化　　　　　　D. 最小化

8. 当运行多个应用程序时，默认情况下屏幕上显示的是（　　）。
    A. 第一个程序窗口　　　　　　　　　　B. 系统的当前窗口
    C. 最后一个程序窗口　　　　　　　　　D. 多个窗口的叠加

9. 在搜索文件或文件夹时，若用户输入"*.*"，则将搜索（　　）。
    A. 所有文件中含有"*"的文件　　　　　B. 所有扩展名中含有"*"的文件
    C. 所有文件　　　　　　　　　　　　　D. 所有文字中含有"*"的文件

10. 在Windows 10中，下列叙述错误的是（　　）。
    A. 可支持鼠标操作　　　　　　　　　　B. 可同时运行多个程序
    C. 不支持即插即用　　　　　　　　　　D. 桌面上可同时容纳多个窗口

二、多选题

1. 窗口的组成元素包括（　　）等。
    A. 标题栏　　　　　　B. 滚动条　　　　　　C. 菜单栏　　　　　　D. 窗口工作区

2. 目前广泛使用的操作系统种类很多，主要包括（　　　）。

    A．DOS　　　　　　　B．UNIX　　　　　　　C．Windows　　　　　D．Basic

3. Windows 10中的个性化设置包括（　　）等的设置。

    A．主题　　　　　　　B．桌面背景　　　　　　C．窗口颜色　　　　　D．声音

4. 文件夹中可存放（　　　）。

    A．文件　　　　　　　B．文件夹　　　　　　　C．程序　　　　　　　D．图片

5. 在下列选项中，可以实现全选文件夹的操作是（　　　）。

    A．按"Ctrl+A"组合键

    B．选择第一个文件夹，按住"Ctrl"键的同时单击最后一个文件夹

    C．选择"编辑"→"全选"命令

    D．单击选择所有需要选择的文件夹

6. 在Windows 10中可以同时打开多个窗口，它们的排列方式是（　　　）。

    A．堆叠　　　　　　　B．层叠　　　　　　　C．平铺　　　　　　　D．组合

7. 下面对任务栏的描述，正确的有（　　　）。

    A．任务栏可以出现在屏幕四周　　　　　B．利用任务栏可以切换窗口

    C．任务栏可以隐藏图标　　　　　　　　D．任务栏中的时钟不能删除

8. 在Windows 10中关闭窗口的方法有（　　　）。

    A．单击窗口标题栏右上角的"关闭"按钮

    B．在窗口的标题栏上单击鼠标右键，在弹出的快捷菜单中选择"关闭"命令

    C．将鼠标指针移动到任务栏中某个任务缩略图上，单击其右上角的"关闭"按钮

    D．按"Alt+F4"组合键

9. 下列选项中，可以隐藏的文件有（　　　）。

    A．程序文件　　　　　B．系统文件　　　　　C．可执行文件　　　　D．图片

三、判断题

1. Windows 10中允许同时运行多个应用程序。（　　）

2. 在默认情况下，Windows 10桌面由桌面图标、鼠标指针、任务栏和语言栏4部分组成。（　　）

3. 显示于Windows 10桌面上的图标统称为系统图标。（　　）

4. 关闭应用程序窗口意味着终止该应用程序的运行。（　　）

5. 在Windows 10中，无法给文件夹创建快捷方式。（　　）

6. 在不同状态下，鼠标指针的表现形式都一样。（　　）

7. 移动文件可以通过"剪切"和"粘贴"的方法来完成。（　　）

8. 将Windows 10的窗口和对话框进行比较，窗口可以移动和改变大小，而对话框仅可以改变大小，不能移动。（　　）

9. 通知区域除了显示系统日期、音量、网络状态等信息外，还可以显示其他程序图标。（　　）

10. 删除某个快捷方式，该快捷方式所指向的应用程序也会被删除。（　　）

习题四
WPS文字办公软件

一、单选题

1. 在WPS文字中，对于一段两端对齐的文本，只选定其中的几个字符，用鼠标单击"开始"选项卡第三组中的"居中"按钮，则（　　）。

    A. 格式不变，操作无效   B. 整个段落均变成居中格式

    C. 只有被选定的文本变成居中格式   D. 整个文档变成居中格式

2. 在WPS文字中，要删除当前选定的文本并将其放在剪贴板上的操作是（　　）。

    A. 清除   B. 复制   C. 剪切   D. 粘贴

3. 在WPS文字中，文档处于编辑状态时，如果文本下面有绿色波浪下画线，则表示（　　）。

    A. 对输入的确认   B. 可能有语法错误

    C. 已经修改过的文档   D. 可能有拼写错误

4. 为未满一行的文本加段落边框，下面说法正确的是（　　）。

    A. 边框大小紧紧围绕文本

    B. 边框大小以页边距为左右边界

    C. 不能同时为这行文本加文字边框和段落边框

    D. 可以用字体工具栏上的"字符边框"按钮为段落加边框

5. 格式刷可用于复制文本或段落的格式，若要将选择的文本或段落格式重复应用多次，应（　　）。

    A. 单击格式刷   B. 双击格式刷   C. 右击格式刷   D. 拖曳格式刷

6. 在WPS文字中，编辑文档时，在某段内（　　）鼠标左键，则选定该段文本。

    A. 单击   B. 双击   C. 三击   D. 拖曳

二、多选题

1. 下列操作中，可以打开WPS文档的操作有（　　）。

    A. 双击已有的WPS文档   B. 选择"文件"→"打开"命令

    C. 按"Ctrl+O"组合键   D. 按"Ctrl+M"组合键

2. 下面关于WPS文字中表格处理的说法，正确的有（　　）。

    A. 可以通过标尺调整表格的行高和列宽

    B. 可以将表格中的一个单元格拆分成几个单元格

    C. WPS文字提供了绘制斜线表头的功能

    D. 可以用鼠标调整表格的行高和列宽

3. 采用（　　）做法，能增加标题与正文之间的段间距。

    A. 增加标题的段前间距   B. 增加第一段的段前间距

    C. 增加标题的段后间距   D. 增加标题和第一段的段后间距

4. 在WPS文字中，"查找与替换"对话框中的查找内容包括（　　）。

    A. 样式   B. 字体   C. 段落标记   D. 图片

5. 在WPS文字中打印文档时，下述说法正确的有（　　）。

    A. 在同一页上，可以同时设置纵向和横向打印

    B. 在同一文档中，可以同时设置纵向和横向两种页面方向

    C. 在打印预览时可以同时显示多页

    D. 在打印时可以指定需要打印的页面

6. 在WPS文字中选择多个图形，可（　　）。

    A. 按"Ctrl"键，依次选择   B. 按"Shift"键，再依次选择

    C. 按"Alt"键，依次选择   D. 按"Shift+Ctrl"组合键，依次选择

三、判断题

1. 在WPS文字中不可以为同一文档保存多个版本。 （　　）

2. 在WPS文字中允许同时打开多个文档。 （　　）

3. 在WPS文字中不仅能将简体中文转换为繁体中文，还能将繁体中文转换为简体中文。

                                                                       （　　）

4. 使用"文件"菜单中的"打开"命令可以打开一个已存在的文档。 （　　）

5. 保存已有文档时，程序不会做任何提示，而是直接将修改保存下来。 （　　）

6. 行间距是指行与行之间的距离。 （　　）

7. 首行缩进就是左缩进，是段落向右缩进一段距离。 （　　）

8. 在按住"Ctrl"键的同时滚动鼠标滚轮可以调整显示比例，滚轮每滚动一格，显示比例增大或减小100%。 （　　）

9. 在WPS文字中，图片只能从系统自带的剪辑库中获取。 （　　）

10. 为文档设置页码和插入目录是为了便于长文档的管理。 （　　）

四、操作题

在"推广方案.wps"文档中插入项目符号、艺术字、智能图形及表格，并对艺术字、智能图形及表格的样式和颜色等进行设置，要求如下。

（1）打开"推广方案.wps"文档（配套资源：素材\习题集\习题四\推广方案.wps），在内容文本中插入"箭头"项目符号。

（2）在文档标题处插入并编辑艺术字。

（3）添加、编辑和美化"基本流程"智能图形。

（4）添加一个6行5列的表格，并输入表格内容。

（5）编辑和美化表格，完成后保存文档（配套资源：效果\习题集\习题四\推广方案.wps）。

习题五
WPS表格办公软件

一、单选题

1. 删除工作表中与图表链接的数据时，图表将（　　）。
   A. 被复制　　　　　　　　　　　B. 必须手动删除相应的数据点
   C. 不会发生变化　　　　　　　　D. 自动删除相应的数据点

2. 将选定单元格（或区域）的内容消除，单元格依然保留，称为（　　）。
   A. 重写　　　　　B. 删除　　　　　C. 改变　　　　　D. 清除

3. 工作表是用行和列组成的表格，分别用（　　）区别。
   A. 数字和数字　　B. 数字和字母　　C. 字母和字母　　D. 字母和数字

4. 在WPS表格中存储和处理数据的文件是（　　）。
   A. 工作簿　　　　B. 工作表　　　　C. 单元格　　　　D. 活动单元格

5. 单元格引用随公式所在单元格位置的变化而变化，这属于（　　）。
   A. 相对引用　　　B. 绝对引用　　　C. 混合引用　　　D. 直接引用

6. 在默认状态下，单元格中数字的对齐方式是（　　）。
   A. 左对齐　　　　B. 右对齐　　　　C. 居中　　　　　D. 两边对齐

7. 在WPS表格中，"格式刷"按钮的功能为（　　）。
   A. 复制文本　　　　　　　　　　B. 复制格式
   C. 重复打开文件　　　　　　　　D. 删除当前所选内容

8. 在工作表的公式中，"AVERAGE（D2:E8）"的含义是（　　）。
   A. 对D2与E8两个单元格中的数据求和
   B. 对从D2到E8的单元格区域内所有单元格中的数据求和
   C. 对D2与E8两个单元格中的数据求平均值
   D. 对从D2到E8的单元格区域内所有单元格中的数据求平均值

二、多选题

1. 在对下列内容进行粘贴操作时，一定要使用选择性粘贴的是（　　）。
   A. 公式　　　　　B. 文本　　　　　C. 格式　　　　　D. 数字

2. 下列关于公式输入的说法，正确的是（　　）。
   A. 公式必须以等号"="开始
   B. 公式中可以是单元格引用、函数、常数，用运算符任意组合起来
   C. 在单元格中，列标必须直接给出，而行号可以通过计算得到
   D. 引用的单元格内，可以是数值，也可以是公式

3. 在WPS表格中，复制单元格格式可采用（　　　）。

    A. 链接　　　　　　　　　　　　　B. 复制+粘贴

    C. 复制+选择性粘贴　　　　　　　D. 格式刷

4. 单元格是WPS表格中最基本的存储单位，可以存放（　　　）。

    A. 数值　　　　　　B. 变量　　　　　　C. 字符　　　　　　D. 公式

5. WPS表格中的自动填充功能，可以自动填充（　　　）。

    A. 数字　　　　　　B. 公式　　　　　　C. 日期　　　　　　D. 文本

6. 下列选项中，属于数据透视表数据来源的有（　　　）。

    A. WPS数据清单或数据库　　　　B. 外部数据库

    C. 多重合并计算数据区域　　　　D. 查询条件

7. 修改单元格中数据的正确方法有（　　　）。

    A. 在编辑栏中修改　　　　　　　B. 利用"开始"功能区中的按钮进行修改

    C. 复制和粘贴　　　　　　　　　D. 在单元格中修改

三、判断题

1. 利用自动填充功能可以对公式进行复制。　　　　　　　　　　　　　　（　　　）

2. 在WPS表格的单元格中输入3/5，表示数值五分之三。　　　　　　　（　　　）

3. 在WPS表格中，"移动或复制工作表"命令只能将选定的工作表移动或复制到同一工作簿的不同位置。　　　　　　　　　　　　　　　　　　　　　　　　　　（　　　）

4. 在同一个工作簿中，可以为不同的工作表设置相同的名称。　　　　　（　　　）

5. 在WPS表格中，单元格可用来存储文本、公式、函数和逻辑值等数据。　（　　　）

6. WPS表格规定在同一工作簿中不能引用其他工作表。　　　　　　　　（　　　）

7. 在完成复制公式的操作后，系统会自动更新单元格内容，但不计算结果。　（　　　）

8. 在WPS表格中，在对一张工作表进行页面设置后，该设置对所有工作表都起作用。

                                                （　　　）

9. 应用公式后，单元格中只能显示公式的计算结果。　　　　　　　　　（　　　）

10. 在WPS表格的单元格引用中，如果单元格地址不会随位移的方向和大小的改变而改变，则该引用为相对引用。　　　　　　　　　　　　　　　　　　　　　　　（　　　）

四、操作题

对"办公费用统计表.et"工作簿按以下要求进行操作。

（1）打开"办公费用统计表.et"工作簿（配套资源：素材\习题集\习题五\办公费用统计表.et），修改工作表标签"Sheet1"为"日常费用统计表"。

（2）使用自动求和公式计算出"总额"列的数据，其数据为1季度数据与2季度数据之和。

（3）对表格进行美化，设置其对齐方式为居中对齐，字体为"方正晶准黑"。

（4）将1季度、2季度和总额的数据格式设置为"货币"。

（5）使用降序排列的方式对"总额"列进行排序，并将大于4 000的数据设置为红色。

（6）为C2:D12单元格区域制作图表，图表类型为饼图，完成后保存文件（配套资源：效果\习题集\习题五\办公费用统计表.et）。

习题六
WPS演示办公软件

一、单选题

1. 如果在演示文稿中设置了隐藏的幻灯片，那么在打印时，这些隐藏的幻灯片将（　　）。
    A. 是否打印根据用户的设置决定
    B. 不会打印
    C. 将同其他幻灯片一起打印
    D. 只能打印出黑白效果

2. 使用WPS演示制作幻灯片时，主要通过（　　）区域制作幻灯片。
    A. 状态栏　　　　　B. 幻灯片区　　　　　C. 大纲区　　　　　D. 备注区

3. 在幻灯片放映过程中，按（　　）可以退出幻灯片放映。
    A. 空格键　　　　　B. 鼠标右键　　　　　C. 鼠标左键　　　　　D. "Esc"键

4. 在幻灯片浏览视图下不能进行的操作是（　　）。
    A. 设置动画效果
    B. 幻灯片的切换
    C. 幻灯片的移动和复制
    D. 幻灯片的删除

5. 在演示文稿中插入超链接时，所链接的目标不能是（　　）。
    A. 叠放次序命令
    B. 同一演示文稿的某一张幻灯片
    C. 其他文档
    D. 幻灯片中的某一个具体对象

6. 插入新幻灯片的方法不包括（　　）。
    A. 单击"开始"选项卡下的"新建幻灯片"按钮
    B. 按"Enter"键
    C. 按"Ctrl+M"组合键
    D. 按"Ctrl+O"组合键

7. 下列操作中，保存演示文稿文档的方法不包括（　　）。
    A. 在"文件"菜单中选择"保存"命令
    B. 按"Ctrl+S"组合键
    C. 单击"保存"按钮
    D. 按"Alt+S"组合键

8. 下列关于幻灯片动画的内容的说法，错误的是（　　）。
    A. 幻灯片上动画对象的出现顺序不能随意修改
    B. 动画对象在播放之后可以再添加效果
    C. 可以在演示文稿中添加超链接，然后用它跳转到不同的位置
    D. 创建超链接时，起点可以是任何文本或对象

二、多选题

1. 下列关于在WPS演示中创建新幻灯片的叙述，正确的有（　　）。

    A. 新幻灯片可以用多种方式创建

    B. 新幻灯片只能通过"幻灯片"浏览窗格来创建

    C. 新幻灯片的输出类型可以根据需要来设置

    D. 新幻灯片的输出类型固定不变

2. 在设置幻灯片的放映方式时，WPS演示提供了（　　）放映方式。

    A. 演讲者放映　　　　　　　　　　　B. 观众自行浏览

    C. 展台自动循环放映　　　　　　　　D. 混合放映

3. 下列选项中，可用于结束幻灯片放映的操作有（　　）。

    A. 按"Esc"键　　　　　　　　　　　B. 按"Ctrl+E"组合键

    C. 按"Enter"键　　　　　　　　　　D. 单击鼠标右键，选择"结束放映"命令

4. 在"动作设置"对话框设置动作时，主要可对（　　）动作执行方式进行设置。

    A. 鼠标单击　　　B. 双击鼠标　　　C. 鼠标移过　　　D. 按任意键

5. 下列选项中，可以设置动画效果的幻灯片对象有（　　）。

    A. 声音和视频　　　B. 文字　　　　C. 图片　　　　D. 图表

三、判断题

1. 母版可用来为同一演示文稿中的所有幻灯片设置统一的版式和格式。　　　　（　　）

2. 在放映幻灯片的过程中，用户还可设置其声音效果。　　　　　　　　　　（　　）

3. 单击"大纲"选项卡后，窗口左侧的列表区将列出当前演示文稿的文本大纲，在其中可进行切换幻灯片，并进行编辑操作。　　　　　　　　　　　　　　　　　　　（　　）

4. 打印幻灯片讲义时通常是一张纸打印一张幻灯片。　　　　　　　　　　　（　　）

5. 为演示文稿设置排练计时，可以更准确地对放映过程进行掌控。　　　　　（　　）

四、操作题

对"年终销售总结"演示文稿按以下要求进行操作。

（1）打开素材文件"年终销售总结.dps"（配套资源：素材\习题集\习题六\年终销售总结.dps），插入艺术字样式"填充-黑色，文本1，阴影"，输入"承华集团"文本，设置字体为"思源黑体CN Normal"，并调整位置。

（2）选择第2张幻灯片，在其中插入智能图形，输入文本，并更改智能图形颜色。

（3）在第3张幻灯片中插入图表"簇状柱形图"，输入数据并设置颜色和样式。

（4）在第5张幻灯片中插入一个9行7列的表格，输入数据后调整表格大小，并设置表格样式为"中度样式3-强调2"，设置单元格文本"居中"和"垂直居中"，设置表格"水平居中"。

（5）在第7张幻灯片中插入图片"图片1.png"（配套资源：素材\习题集\习题六\图片1.png），选择第8张幻灯片，插入图片"图片2.jpg"（配套资源：素材\习题集\习题六\图片2.jpg），设置图片颜色为"灰度"。

（6）为幻灯片添加不同的动画效果，保存演示文稿（配套资源：效果\习题集\习题六\年终销售总结.dps）。

习题七
计算机网络基础

一、单选题

1. 根据计算机网络覆盖的地域范围与规模，可以将其分为（　　　）。
   - A. 局域网、城域网和广域网
   - B. 局域网、城域网和互联网
   - C. 局域网、区域网和广域网
   - D. 以太网、城域网和广域网

2. Internet实现了世界各地各类网络的互联，其最基础和核心的协议是（　　　）。
   - A. HTTP
   - B. FTB
   - C. HTML
   - D. TCP/IP

3. 文件传输协议（FTP）和超文本传输协议（HTTP）属于（　　　）。
   - A. 基于TCP协议的传输层协议
   - B. 基于TCP协议的应用层协议
   - C. 基于TCP协议的网络接口层协议
   - D. 基于TCP协议的网络互连层协议

4. 在www.×××.edu.cn这个域名中，子域名edu表示（　　　）。
   - A. 国家名称
   - B. 政府部门
   - C. 主机名称
   - D. 教育部门

5. WWW是（　　　）。
   - A. 局域网的简称
   - B. 城域网的简称
   - C. 广域网的简称
   - D. 万维网的简称

6. a@b.cn表示一个（　　　）。
   - A. IP地址
   - B. 电子邮箱
   - C. 域名
   - D. 网络协议

7. 下列属于搜索引擎的是（　　　）。
   - A. 百度
   - B. 爱奇艺
   - C. 迅雷
   - D. 酷狗

8. 在Internet中，主机域名和主机IP地址之间的关系是（　　　）。
   - A. 完全相同，毫无区别
   - B. 一一对应
   - C. 一个IP地址对应多个域名
   - D. 一个IP地址对应多个IP地址

9. （　　　）又称网络适配器，是以太网的必备设备。
   - A. 集线器
   - B. 网卡
   - C. 路由器
   - D. 交换机

10. Internet的IP地址中的E类地址，每个字节的数字由（　　　）组成。
    - A. 0～155
    - B. 0～255
    - C. 115～255
    - D. 0～250

二、多选题

1. 一个IP地址由2个字段组成，它们分别是（　　　）。
   - A. 类别
   - B. 网络号
   - C. 主机号
   - D. 域名

2. 下列选项中，（　　）是电子邮件地址中必须有的内容。

    A. 用户名　　　　　　　　　　　　B. 用户口令

    C. 电子邮箱的主机域名　　　　　　D. ISP的电子邮箱地址

3. （　　）是常见的计算机局域网络拓扑结构。

    A. 星形结构　　　　　　　　　　　B. 交叉结构

    C. 关系结构　　　　　　　　　　　D. 总线型结构

4. 网络软件分为（　　）几个部分。

    A. 通信软件　　　　　　　　　　　B. 网络协议软件

    C. 网络操作系统　　　　　　　　　D. 信息服务软件

5. 下列选项中，Internet能够提供的服务有（　　）。

    A. 文件传输　　　B. 电子邮件　　　C. 远程登录　　　D. 网上冲浪

三、判断题

1. 可为一个主机的IP地址定义多个域名。　　　　　　　　　　　　　（　　）

2. Internet是一个提供专门网络服务的国际性组织。　　　　　　　　（　　）

3. IP地址是由一组16位的二进制数组成的。　　　　　　　　　　　　（　　）

4. 广域网在地域覆盖上可以跨越国界、洲界，甚至可以覆盖全球范围。（　　）

5. 电子邮箱是存放和管理电子邮件的场所，一个电子邮箱可以有多个地址。（　　）

6. 必须通过浏览器才可以使用Internet提供的服务。　　　　　　　　（　　）

7. 域名系统由若干子域名构成，子域名之间用小数点的圆点来分隔。　（　　）

8. Internet域名系统对域名长度没有限制。　　　　　　　　　　　　（　　）

9. 常用的传输介质分为有线传输介质和无线传输介质两大类。　　　　（　　）

10. 百度、搜狗、谷歌、雅虎、搜狐、爱奇艺、迅雷、360搜索等都是搜索引擎。

                                                      （　　）

四、操作题

1. 启动Microsoft Edge浏览器，打开"百度"首页，通过"百度"首页打开"百度新闻"页面，在其中浏览新闻，并收藏该页面。

2. 通过"百度"首页搜索"旅游"的相关信息，将旅游信息复制到记事本中，将记事本文件保存到桌面。

3. 通过"百度"首页搜索"腾讯视频"软件，然后将该软件下载到计算机桌面上。

4. 使用Windows 10自带的"邮件"程序将好友的电子邮箱添加到联系人中，然后向其邮箱发送一封邮件。

习题八
网页设计与制作

一、单选题

1. 构成网页的基本元素不包括（　　　）。
　　A. 图像　　　　　　B. 文本　　　　　　C. 站点　　　　　　D. 超链接

2. 为了让大多数浏览者可正常地浏览网页，在制作网页时通常需要考虑满足（　　　）的显示屏。
　　A. 800px×600px　　　　　　　　　B. 1 024px×768px
　　C. 1 280px×960px　　　　　　　　D. 1 366px×768px

3. 在创建站点之前需要对站点进行规划，站点的形式有（　　　），用户需要根据实际情况进行选择。
　　A. 并列　　　　　　B. 层次　　　　　　C. 交错　　　　　　D. 网状

4. 在制作网页的过程中通常需要向站点中添加资源，如果资源太多，查找起来就会比较困难，所以需要进行资源管理，（　　　）就是资源管理的场所。
　　A. 站点　　　　　B. 收藏列表　　　　C. 资源列表　　　　D. 站点文件夹

5. 可以将站点定义导出为独立的XML文件，它是Dreamweaver CC站点定义的专用文件，其后缀名为（　　　）。
　　A. .ste　　　　　　B. .swf　　　　　　C. .set　　　　　　D. .st

6. Flash动画是一种矢量动画，可以使用网页三剑客之一的（　　　）动画制作软件制作，其生成的动画文件较小。
　　A. Adobe Flash　　　　　　　　　B. Adobe Photoshop
　　C. Adobe Dreamweaver　　　　　　D. CorelDRAW

7. 在Dreamweaver中建立文本链接后，文本下方通常会有（　　　）。
　　A. 颜色标识　　　B. 下画线　　　　C. 手形符号　　　D. 特殊字符

8. 表单"属性"面板的"方法"下拉列表用于选择传送表单数据的方式，其中GET选项表示（　　　）。
　　A. 将表单中的信息以追加到处理程序地址后面的方式进行传送
　　B. 传送表单数据时它将表单信息嵌入请求处理程序中
　　C. 采用浏览器默认的设置对表单数据进行传送
　　D. 将表单中的信息直接发送到处理程序进行传送

二、多选题

1. 文本字段根据行数和显示方式可分为（　　　）3种，它是常见的表单对象之一，可接受任何类型文本内容的输入。

    A. 单行文本域   B. 多行文本域

    C. 密码域   D. 列表

2. 表单通常由多个表单对象组成，表单对象包括（　　　）。

    A. 复选框   B. 单选按钮   C. 文本框   D. 按钮

3. 导航条元件有哪几种状态？（　　　）

    A. 鼠标经过图像   B. 状态图像

    C. 按下图像   D. 项目符号按下时鼠标经过图像

4. 网页制作工具按其制作方式分，可以分为（　　　）。

    A. 通用型网页制作工具   B. 标记型网页制作工具

    C. "所见即所得"型网页制作工具   D. 专业型网页制作工具

三、判断题

1. 各表单对象可以包含在表单中，也可以单独存在，都能实现网页交互功能。（　　　）

2. 在制作网页的过程中，若插入表格的行、列不够或行、列太多，则可根据实际情况进行插入或删除行、列的操作。（　　　）

3. AP Div的使用虽然方便，但在制作规模较大的站点网站时，基本的网页框架布局还是不要使用AP Div，使用表格或框架布局会相对稳定一些。（　　　）

4. 动态网页使用ASP、PHP、JSP和CGI等程序生成，具有动感效果，其制作方法相对静态网页较复杂一些。（　　　）

5. 在网页中用到的各种元素，如图像、影片等，都称为资源。（　　　）

6. 如果需要对应用了模板的网页进行更多的编辑操作，脱离模板对网页编辑的限制，可将网页与模板分离。（　　　）

四、操作题

为箱包公司制作企业官网，要求该网站能够实现电子商务功能。操作要求如下。

（1）启动Dreamweaver CC，创建一个站点，然后创建相关的文件和文件夹。

（2）在网页中添加DIV标签，然后通过CSS设计器来布局网页页面，并设置相关的格式。

（3）通过"插入"面板将图像和Flash动画插入相关的DIV中，并调整图像和动画的大小与位置等属性格式（配套资源：素材\习题集\习题八\images\）。

（4）选择需要添加超链接的文本或图像，在"链接"文本框中输入链接地址，然后在需要的图像区域创建热点超链接，绘制矩形热点，设置链接地址。

（5）保存网页文件，然后按"F12"键预览网页文件（配套资源：效果\习题集\习题八\html\index.html）。

习题九
数据库技术基础

一、单选题

1. 数据库管理系统（DBMS）的主要功能是（   ）。
   A. 修改数据库   B. 定义数据库   C. 应用数据库   D. 保护数据库

2. 关系运算中花费时间可能最长的运算是（   ）。
   A. 投影   B. 选择   C. 笛卡儿积   D. 除

3. （   ）不是用来进行表的数据操作的命令。
   A. SELECT   B. INSERT   C. UPDATE   D. DROP

4. MySQL（   ）是世界上流行的、可免费下载的开源数据库管理系统。
   A. 社区版   B. 企业版   C. 标准版   D. 经典版

5. 要从一个或多个表中选取特定的行和列，需要使用（   ）命令。
   A. SELECT   B. UPDATE   C. INSERT   D. SAVE

6. 关系数据库是（   ）在20世纪70年代提出的数据库模型。
   A. 埃德拉·弗兰克·科德（E.F.Cold）
   B. 比尔·恩门（Bill Inmon）
   C. 拉尔夫·金博尔（Ralph Kimball）
   D. 拉里·埃里森(Larry Ellison)

7. 在数据库中使用（   ）命令可以对表进行修改。
   A. ALTER TABLE   B. CREATE TABLE
   C. SHOW TABLES   D. CREATE SCHEMA

8. 数据管理技术人工管理阶段的特点是（   ）。
   A. 数据处理完后不保存原程序和数据
   B. 一组数据可以对应多个程序，各个程序的数据可以共享
   C. 数据可以长期保存在外部存储设备上
   D. 数据的管理和控制由数据库管理系统统一完成

二、多选题

1. 数据管理技术经历了（   ）等阶段。
   A. 人工管理阶段   B. 数据库应用阶段
   C. 文件系统阶段   D. 数据库系统阶段

2. 数据库体系结构按照（   ）三级结构进行组织。
   A. 模式   B. 数据模式   C. 外模式   D. 内模式

3. 关系运算主要包括（　　　）。

   A. 选择　　　　　　B. 投影　　　　　　C. 连接　　　　　　D. 自然连接

4. 关系数据库中基于数学上两类运算有（　　　）。

   A. 关系代数　　　　B. 关系演算　　　　C. 关系推理　　　　D. 关系证明

三、判断题

1. 表决定了数据库的结构，它是存放数据的地方。　　　　　　　　　　　（　　　）

2. 对于已经存在的数据库，可使用 DROP DATABASE 命令删除。　　　　（　　　）

3. 单从关系中选取若干个属性构成新关系的操作称为连接。　　　　　　（　　　）

4. 使用ALTER TABLE命令可以对表进行修改。　　　　　　　　　　　（　　　）

5. 数据库管理系统是在操作系统支持下的系统软件。　　　　　　　　　（　　　）

6. 数据库系统的数据独立性体现在数据库系统会因为系统数据存储结构与数据逻辑结构的变化而影响应用程序。　　　　　　　　　　　　　　　　　　　　（　　　）

四、操作题

现要为学校建立一个关于学生、课程、教师、成绩的数据库，关系模式如下。

学生表：Student(s#,sname,sage,ssex)。

其中，s#、sname、sage、ssex分别代表学生编号、学生姓名、出生年月、学生性别。

课程表：Course(c#,cname,t#)。

其中，c#、cname、t#分别代表课程编号、课程名称。

教师表：Teacher(t#,tname)。

其中，t#、tname分别代表教师编号、教师姓名。

成绩表：Sc(s#,c#,score)。

其中，s#、c#、score分别代表学生编号、课程编号、分数。

测试数据在文件"测试数据.txt"（配套资源：素材\习题集\习题九\测试数据.txt）中，可作为参考，用SQL语句表达下列操作。

（1）查询平均成绩大于等于60分的同学的学生编号、学生姓名和平均成绩。

（2）查询在 SC 表存在成绩的学生信息。

（3）查询所有同学的学生编号、学生姓名、选课总数、所有课程的总成绩（没有成绩的显示"NULL"）。

（4）查询"李"姓老师的数量。

（5）查询没有学全所有课程的同学的信息。

（6）按平均成绩从高到低显示所有学生的所有课程的成绩以及平均成绩。

习题十
Python程序设计基础

一、单选题

1. 程序语言发展的第4个阶段为（   ）。

   A. 高级语言　　　B. 非过程化语言　　C. 机器语言　　　D. 汇编语言

2. 已知"x = 3"，那么执行语句"x += 6"之后，"x"的值为（   ）。

   A. 2　　　　　　B. 8　　　　　　　C. 6　　　　　　D. 9

3. 下列（   ）语句在Python中是非法的。

   A. x = y = z = 1　　　　　　　　　B. x = (y = z + 1)

   C. x,y = y,x　　　　　　　　　　　D. x += y

4. 关于Python内存管理，下列说法错误的是（   ）。

   A. 变量不必事先声明

   B. 变量无须先创建和赋值而直接使用

   C. 变量无须指定类型

   D. 可以使用del命令释放资源

5. Python不支持的数据类型是（   ）。

   A. char　　　　　B. int　　　　　　C. float　　　　　D. list

6. 在Python中字符串的表示方式是（   ）。

   A. 采用单引号包裹　　　　　　　　B. 采用双引号包裹

   C. 采用三重单引号包裹　　　　　　D. 以上选项都是

7. Python内置函数（   ）可以返回列表、元组、字典、集合、字符串及range对象中的元素个数。

   A. min()　　　　B. max()　　　　　C. int()　　　　　D. len()

8. 已知"x =[3,5,3,7]"，那么表达式"[x.index(i) for i in x if i==3]"的值为（   ）。

   A. [1,0]　　　　B. [0,1]　　　　　C. [1,1]　　　　　D. [0,0]

二、多选题

1. Python中标识符的命名必须遵循（   ）规则。

   A. 数字可以作为标识符的首字母

   B. 标识符不能使用Python的关键字

   C. 标识符的长度有限制

   D. 标识符中不可以包含空格、@、%、$等特殊字符

2. 程序的基本结构包括（　　　）。

    A. 顺序结构　　　　B. 判断结构　　　C. 循环结构　　　　D. goto结构

3. Python中的数据类型可以分为（　　　）。

    A. 基本数据类型　　　　　　　　B. 复合数据类型

C. 简单数据类型　　　　　　　　D. 复杂数据类型

4. 下列说法错误的有（　　　）。

    A. 大部分程序设计语言有传值和传址两种传递方式

    B. Python中的函数有内置函数、库函数两种

    C. Python中提供了for和while两种循环语句

    D. 使用循环语句可以通过判断条件表达式的真（True）或假（False），来分别执行不同的代码

三、判断题

1. Python是一种跨平台、开源、免费的高级动态编程语言。 （　　　）

2. Python不允许使用关键字作为变量名，允许使用内置函数名作为变量名，但这会改变函数名的含义。 （　　　）

3. Python列表中所有元素必须为相同类型的数据。 （　　　）

4. 不可以在同一台计算机上安装多个Python版本。 （　　　）

5. Python变量名区分大小写，所以student和Student不是同一个变量。 （　　　）

6. Python变量名必须以字母或下画线开头，并且区分字母大小写。 （　　　）

四、操作题

1. 编写程序，运行后输入4位整数作为年份，要求程序能够判断输入的年份是否为闰年。如果年份能被400整除，则为闰年；如果年份能被4整除但不能被100整除，则也为闰年。

2. 编写程序，要求生成包含20个随机数的列表，将前10个元素升序排列，将后10个元素降序排列，并输出结果。

附录

参考答案

习题一

一、单选题

1	2	3	4	5	6	7	8	9	10
D	A	A	D	B	C	C	C	A	A

二、多选题

1	2	3	4	5	6	7	8	9
ABCD	ABCD	ACD	AD	ABCD	ABCD	ABCD	ABCD	ABC

三、判断题

1	2	3	4	5	6	7	8	9	10
×	√	×	×	×	×	√	√	√	×

习题二

一、单选题

1	2	3	4	5	6	7	8	9	10
A	D	B	B	B	A	C	B	B	A

二、多选题

1	2	3	4	5	6	7	8	9
ABD	ABD	ABD	ABCD	AC	ACD	ABCD	ACD	ABCD

三、判断题

1	2	3	4	5	6	7	8	9	10
√	×	√	√	√	×	×	×	×	√

11	12	13	14	15
√	√	√	×	√

习题三

一、单选题

1	2	3	4	5	6	7	8	9	10
B	D	D	D	A	B	C	C	C	C

二、多选题

1	2	3	4	5	6	7	8	9
ABCD	ABC	ABCD	ABCD	AC	ABC	ABC	ABCD	ABCD

三、判断题

1	2	3	4	5	6	7	8	9	10
√	√	×	√	×	×	√	×	√	×

习题四

一、单选题

1	2	3	4	5	6
B	C	B	B	B	C

二、多选题

1	2	3	4	5	6
ABC	ABCD	BCD	ABC	BCD	ABD

三、判断题

1	2	3	4	5	6	7	8	9	10
×	√	√	√	√	√	×	×	×	√

四、操作题（略）

习题五

一、单选题

1	2	3	4	5	6	7	8
D	D	B	A	A	B	B	D

二、多选题

1	2	3	4	5	6	7
AC	ABD	BCD	ABCD	ABCD	ABC	AD

三、判断题

1	2	3	4	5	6	7	8	9	10
√	×	×	×	√	×	×	×	×	×

四、操作题（略）

习题六

一、单选题

1	2	3	4	5	6	7	8
A	B	D	A	D	D	D	A

二、多选题

1	2	3	4	5
AC	AC	AD	AC	ABCD

三、判断题

1	2	3	4	5
√	√	√	×	√

四、操作题（略）

习题七

一、单选题

1	2	3	4	5	6	7	8	9	10
A	D	B	D	D	B	A	C	B	B

二、多选题

1	2	3	4	5
BC	AC	AD	ABC	ABCD

三、判断题

1	2	3	4	5	6	7	8	9	10
√	×	×	√	×	×	√	×	√	×

四、操作题（略）

习题八

一、单选题

1	2	3	4	5	6	7	8
C	A	C	C	A	A	B	A

二、多选题

1	2	3	4
ABC	ABCD	ABCD	BC

三、判断题

1	2	3	4	5	6
×	√	√	×	√	√

四、操作题（略）

习题九

一、单选题

1	2	3	4	5	6	7	8
B	C	D	A	A	A	A	A

二、多选题

1	2	3	4
ACD	ACD	ABCD	AB

三、判断题

1	2	3	4	5	6
√	×	×	√	√	×

四、操作题（略）

习题十

一、单选题

1	2	3	4	5	6	7	8
B	D	B	B	A	D	D	D

二、多选题

1	2	3	4
BD	ABC	AB	BD

三、判断题

1	2	3	4	5	6
√	√	×	×	√	√

四、操作题（略）